下一代语音与多媒体交换系统运行与维护

谭　敏　编著

北京理工大学出版社
BEIJING INSTITUTE OF TECHNOLOGY PRESS

内 容 简 介

本书以工程项目为载体,以任务为学习手段,通过5个项目,共16个典型的工程任务,介绍下一代语音与多媒体业务交换系统——NGN软交换系统和NGN IMS系统的理论知识、系统建设和运维的工程规范、NGN软交换系统的组网、业务开通和日常维护等职业技能。

项目1介绍NGN软交换系统和NGN IMS系统相关的基础知识,旨在让读者对交换概念、交换原理、NGN软交换架构、IMS架构与功能实体等知识有清晰而全面的了解。项目2~4以华为SoftX3000设备为例,介绍NGN软交换系统的局内基本业务、局间长途业务的相关理论、组网、数据配置和业务开通调测等方面知识。项目5介绍系统维护和故障处理的方法。本书的附录部分(以二维码形式呈现)介绍了华为操作终端软件的常用操作方法、告警查看方法和跟踪管理与监控方法。

本书内容翔实,工程性强,取材于企业实际的工程项目,包括必需的理论和典型任务的实操技能,兼顾组网、设备连接、配置和业务验证等多方面内容。

本书可作为高等职业院校通信类、计算机网络类专业的教材,也可作为华为软交换系统工程维护人员的培训或技术参考书。

本书配套有线上开放优质课程NGN与软交换系统,网址是 https://mooc1. chaoxing. com/course/216786984. html。资源包括授课PPT、授课视频、课题讨论、作业与测试等。

图书在版编目(CIP)数据

下一代语音与多媒体交换系统运行与维护/谭敏编著. -- 北京:北京理工大学出版社,2024.1
ISBN 978-7-5763-2858-5

Ⅰ. ①下… Ⅱ. ①谭… Ⅲ. ①通信交换系统 Ⅳ. ①TN914

中国国家版本馆CIP数据核字(2023)第168241号

责任编辑:王玲玲　　文案编辑:王玲玲
责任校对:周瑞红　　责任印制:施胜娟

出版发行 / 北京理工大学出版社有限责任公司
社　　址 / 北京市丰台区四合庄路6号
邮　　编 / 100070
电　　话 / (010)68914026(教材售后服务热线)
　　　　　　(010)68944437(课件资源服务热线)
网　　址 / http://www.bitpress.com.cn

版 印 次 / 2024年1月第1版第1次印刷
印　　刷 / 三河市天利华印刷装订有限公司
开　　本 / 787 mm×1092 mm　1/16
印　　张 / 15
字　　数 / 352千字
定　　价 / 78.00元

前言

下一代网络（NGN）是建立在分组交换技术基础上，采用分层、开放的体系结构，容纳多种形式的信息，方便实现语音、视频、图像和数据等多种多媒体业务的开放、融合的网络体系。下一代网络纵向涵盖了网络的业务（应用）层、控制层、传输层、接入层，甚至终端层面的各种下一代技术，也横向包括了固定网、移动网、互联网等各种类型的网络系统的下一代技术。NGN 的高速发展直接促进了整网的快速融合。

下一代语音与多媒体业务交换系统包括以软交换技术为核心的 NGN 系统（简称 NGN 软交换系统）和以 IP 多媒体子系统（IMS）网络为核心的 NGN 系统（简称 NGN IMS 系统）。能够综合运用软交换和 IMS 相关理论知识，按照 NGN 建设的工程规范，完成网络组建、典型业务开通、系统日常管理与维护工作，具有较强的沟通、协调能力和良好团队精神的通信技术技能人才是当今社会迫切需求的高技能人才。

本书以工程项目为载体，以任务为学习手段，融教、学、做为一体，通过 5 个项目，共16 个典型的工程任务，培养学生从事在现网中广泛应用的语音与多媒体交换系统运行与维护工作的核心职业能力，使学生具备下一代网络、软交换技术和 IMS 网络相关的理论知识，了解 NGN 系统建设与运维的工程规范，掌握 NGN 软交换系统的组网、业务开通和日常维护等工作技能，具备系统数据规划、分析和解决问题的能力。

本书为活页式教材，以项目方式编写，每个项目包括项目介绍、知识图谱、学习要求和多个工作任务。每个任务包括任务描述、学习目标、实验器材、知识准备、任务实施、任务验收、回顾与总结等内容。其中，知识准备环节侧重于理论知识的介绍；任务实施环节侧重于技术技能的培养，并分成三个步骤：第一步通过练习示例讲解任务的实施方法，第二步给出任务数据，供读者参考示例自主完成任务。第三步给出任务调测的方法；任务验收环节给出任务验收标准。

项目 1 介绍 NGN 软交换系统和 NGN IMS 系统的基础知识，包括 3 个认知任务：认知通信网络和交换技术、认知 NGN 与软交换系统、认知 IP 多媒体子系统（IMS）。项目 2 以华为软交换设备 SoftX3000 为例，介绍 NGN 软交换系统的基础数据配置等内容，包括 SoftX3000

1

设备结构、SoftX3000 本地维护系统组网、SoftX3000 设备硬件数据配置、SoftX3000 本局和计费数据配置 4 个任务。项目 3 围绕 NGN 软交换系统的 5 种基本典型的局内业务，介绍它们的组网、业务开通与调测方法，包括语音业务开通（IAD 接入），语音业务开通（AMG 接入），多媒体业务开通，IP-Centrex 业务开通，SoftX3000 局内国内、国际长途业务开通，呼叫中心业务开通 6 个任务。项目 4 介绍交换局间对接、开通长途业务的方法，包括组网、信令和承载两类协议数据的对接、局间路由配置、中继用户数据配置等内容，包括两个任务：SoftX3000 与 PBX 交换机对接、SoftX3000 与 PSTN 交换机对接（后半部分以二维码形式呈现）。项目 5 介绍系统维护和故障处理的方法，包含 1 个任务。附录部分以二维码形式呈现。

本书教学课时建议 96 学时。配套有线上开放优质课程 NGN 与软交换系统，访问网址是 https://mooc1.chaoxing.com/course/216786984.html。资源包括授课 PPT、授课视频、课题讨论、作业与测试等。

本书由谭敏编著，是作者多年实践教学经验和探索的总结。期间得到深圳华为通信技术有限公司、北京金戈大通通信技术有限公司、深圳迅方技术股份有限公司等多家企业相关技术人员的大力帮助，得到作者所在院系、教研室各位领导、同事的大力支持和帮助，在此一并表示衷心的感谢。感谢我的家人一直以来的理解和支持。

由于编者水平有限，书中内容难免有疏漏之处，恳请业内专家和广大读者批评指正。

编　者

目 录

项目 1

下一代语音与多媒体交换系统基础

项目介绍

语音和多媒体业务是重要的电信业务，下一代语音与多媒体交换系统包括以软交换设备为核心的 NGN（下一代网络）系统（简称 NGN 软交换系统）和以 IP 多媒体子系统（IMS）为核心的 NGN 系统（简称 NGN IMS 系统）。基础理论包括通信网组成，交换的概念，电路交换与分组交换原理，软交换技术和 NGN 体系架构，NGN 软交换系统解决方案、采用的协议、业务和组网情况，IMS 网络结构和功能实体等。本项目分为三个认知任务，分别是认知通信网络和交换技术、认知 NGN 与软交换系统、认知 IP 多媒体子系统（IMS）。

知识图谱

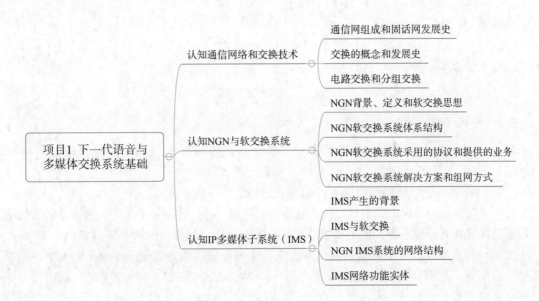

学习要求

1. 在学习过程中，关注技术的发展历程、产生背景，培养放眼看世界的眼界和爱国主义情怀。

2. 按照知、学、做、巩固四个环节进行各任务的学习。可借助本教材配套的线上开放优质课程资源，如授课 PPT、授课视频、课题讨论、作业与测试等，提升学习效率和效果。

任务 1.1 认知通信网络和交换技术

1.1.1 任务描述

通信网络从大面上来说，可分为三部分：用户终端、交换设备和传输系统，交换设备是其中非常重要的部分。交换技术主要有电路交换和分组交换两大类。本任务学习通信网络的组成、公共交换固话网发展回顾、交换的原理和分类等内容。

1.1.2 学习目标和实验器材

学习完该任务，您将能够：
（1）列举出通信网的三个组成部分。
（2）说出公共交换固话网发展的几个阶段。
（3）正确阐述交换的概念。
（4）说出电路交换和分组交换的主要工作原理。
（5）列举两种交换方式的至少两个特点和主要区别。
实验器材：无。

1.1.3 知识准备

1.1.3.1 通信网的构成

简单地说，通信网通常由终端设备、交换设备、传输系统三部分组成，如图 1-1-1 所示。

终端设备指通信网最外围的设备，用户直接操作的设备。

传输系统是信息传递的通道，组成信息传递的网络。按传输媒质的不同，传输系统分为有线传输系统（如光传输系统，图 1-1-2）和无线传输系统（如微波传输系统，图 1-1-3）。

交换设备实质就是交换机，是通信网的核心。主要完成接入交换结点链路的汇集、转接接续和分配等。数据通信领域有 IP 分组交换机，如二层交换机、三层交换机、路由器、语音多媒体领域程控交换机、软交换机和 IP 多媒体子系统 IMS，如图 1-1-4 所示。

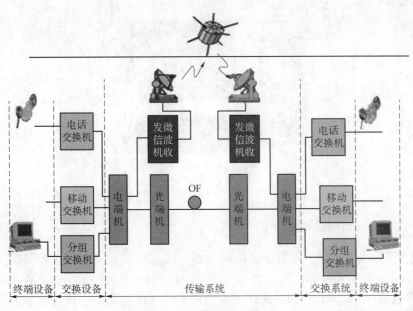

图 1-1-1　通信网的构成

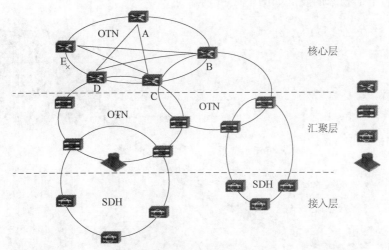

图 1-1-2　光传输系统

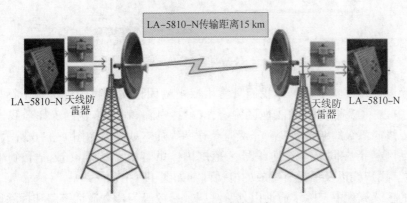

图 1-1-3　微波传输系统

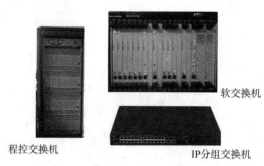

程控交换机　　　　　　　IP分组交换机

软交换机

图 1-1-4　交换设备

1.1.3.2　公共交换固话网发展回顾

19 世纪，贝尔发明电话，开启了通信时代的大门。20 世纪初模拟交换机的发明，彻底改变了人们语音交流的深度和广度。20 世纪 70 年代，程控交换机的出现将通信带入了电路交换的时代。20 世纪末，IP 应用的爆炸式增长使人们开始探索下一代网络的分组语音交换技术，最终实现了语音和多媒体在分组网上的传输，出现了 VoIP、VoLTE 和 5G 时代的 VoNR 等技术。电信技术的发展如图 1-1-5 所示。

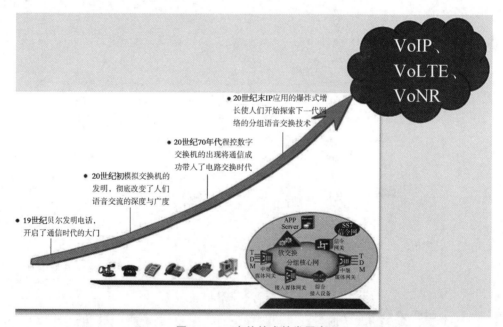

图 1-1-5　电信技术的发展史

公共交换电话网（PSTN），即我们日常生活中的固话网。我国传统的电话网结构分 5 层：C1 大区中心，C2 省中心，C3 地区中心，C4 县中心和 C5 本地网。如今我国的固话网已经完成由五级向三级的结构转变，三级是长途两级加本地网，如图 1-1-6 所示。

本地电话网是指在同一个长途编号区范围内，由若干个端局（或若干个端局和汇接局）、中继线、用户线以及话机所组成的电话网，如图 1-1-7 所示。

在电话的接续流程中，除了通话以外，呼叫、释放等为建立通话链路和拆除通话链路所

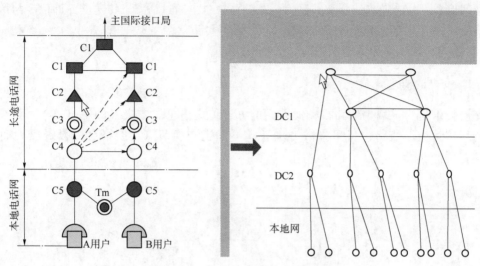

图 1-1-6 公共交换电话网结构转变

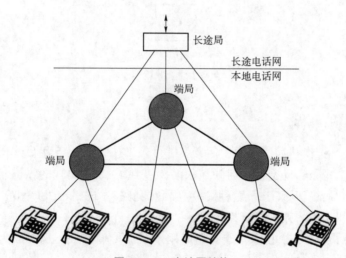

图 1-1-7 本地网结构

需的各种控制命令,统称为信令。信令分为用户信令和局间信令。用户信令是终端和交换机之间的信令,局间信令是交换机与交换机之间的信令。

用户信令多为模拟信令,较常用的发送方式是双音多频(DTMF),即从 8 个不同频率的单音中选取两个来组合,表示 1 位电话号码,如图 1-1-8 所示。

	1209Hz	1336Hz	1477Hz	1633Hz
697Hz	1	2	3	备用
770Hz	4	5	6	备用
852Hz	7	8	9	备用
941Hz	*	0	#	备用

图 1-1-8 电话拨号中的双音多频

局间信令可分为随路信令和共路信令。随路信令是通过话路来传送的，即信令与话路共用 1 条通道。而共路信令是与话路分开传送的。共路信令的代表是 7 号信令（又称 SS7、No.7），是当前固话网和移动通信网广泛使用的信令。

1.1.3.3　交换的概念

交换技术是为了减少线路投资而采用的一种传递信息的方法（图 1-1-9）。随着终端数目的增多，交换线路数目呈指数型增长，不采用交换节点，网络会因投资巨大而无法实现。

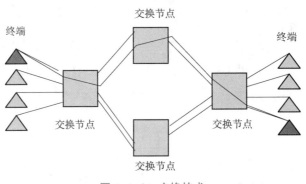

图 1-1-9　交换技术

1.1.3.4　交换机的发展史

在 1878 年出现交换机后，是借助话务员进行人工接续的，15 年后才出现步进制机电自动交换机。虽然实现了自动交换，但缺点很多，直到 1938 年出现的纵横制交换机，自动交换才有所改观。之后由于数字通信、脉冲编码和调制技术的迅速发展和应用，1965 年出现了程控数字交换机，其采用电路交换技术。

1960 年出现了分组交换技术，最开始应用于数据传输领域，现在成为交换领域的核心技术，本课程要学习的软交换设备就是基于分组交换技术。

交换机的发展历史如图 1-1-10 所示。

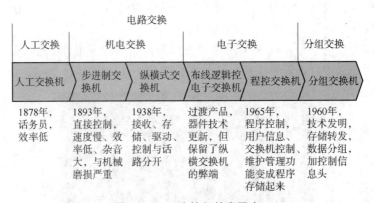

图 1-1-10　交换机的发展史

1.1.3.5　电路交换

电路交换是两个用户在相互通信时自始至终使用一个实际的物理链路，并不允许其他计算机或终端共享该链路的通信方式（图 1-1-11）。可分类为人工交换、半自动交换、自动交换、程控模拟空分交换、程控数字时分交换。

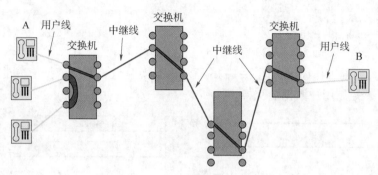

图 1-1-11　电路交换原理

电路交换的过程（图 1-1-12）：

（1）电路建立：根据目的地址，把线路连接到目的交换机。

（2）数据传输：线路接通后，形成端对端的信息通路，双方即可通信。

（3）电路释放：通信完毕后，由一方向所属交换机发出拆除线路请求，交换机拆除线路后，可供别的用户呼叫使用。

电路交换的工作方式有空分电路交换和时分电路交换。空分电路交换是用户在打电话时要占用一对线路，也就是要占用一个空间位置，一直到打完电话为止，如图 1-1-13 所示。时分电路交换是采用时分复用（TDM）技术，多用户分时隙占用同一个物理线路（图 1-1-14）。我国常用的时分复用标准为 E1 标准，帧速率为 8 000 帧/s，每帧 32 时隙，每时隙 1 字节，数据传输速率为 2.048 Mb/s，采用 PCM 编码，帧结构如图 1-1-15 所示。0 时隙用于同步，16 时隙用于信令。

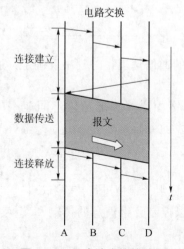

图 1-1-12　电路交换的过程

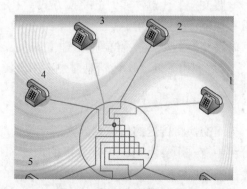

图 1-1-13　空分电路交换

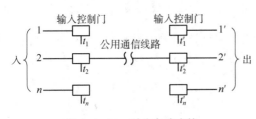

图 1-1-14　时分电路交换

图 1-1-15　E1 标准帧结构

时分电路交换的工作原理如图 1-1-16 所示。交换节点控制器依据生成的入、出链路时隙对应表 1-1-1 控制用户数据的交换。

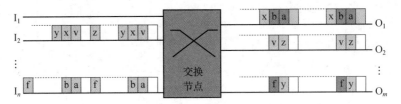

图 1-1-16　时分电路交换工作原理

表 1-1-1　控制器的入、出链路时隙对应表

入链路	时隙	内容	出链路	时隙
I_2	1	y	O_m	2
	2	x	O_1	1
	3	v	O_2	1
	i	z	O_2	2
I_n	1	b	O_1	2
	2	a	O_1	3
	j	f	O_m	1

电路交换的优点：实时的交换方式；具有固定/专用的通信信道；时延小且确定；通信质量有保证；控制简单。

电路交换的缺点：需要呼叫建立时间；每个连接带宽固定（不能适应不同速率的业务）；资源利用率低（不传信息时也占用资源，不适合突发业务）。

1.1.3.6　分组交换

分组交换将传送的信息划分为一定长度的分组，并以分组为单位进行传输和交换。在每个分组中有一个分组头，包含分组的地址和控制信息，以控制分组信息的传输和交换，如图 1-1-17所示。

分组交换是一种存储转发的交换技术（图 1-1-18）。具有带宽可变、灵活，统计复用，资源利用率高，可提供速率变换，无阻塞（业务量大时时延长），可提供优先机制（动态）

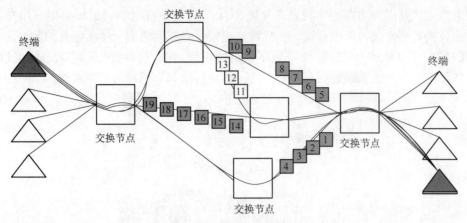

图 1-1-17　分组交换的工作原理

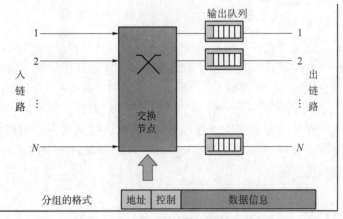

图 1-1-18　分组交换的存储转发过程

等优点。同时，也具有网络功能复杂，语音业务传输时延大，QoS难以保证，可能产生附加的随机时延和丢失数据等缺点。

分组交换的工作方式有两种：一种是数据报方式，另一种是虚电路方式。

数据报方式是一种无连接方式（图 1-1-19），独立地传送每一个数据分组，每一个数据分组都包含终点地址的信息，每一个节点都要为每一个分组独立地选择路由。由于一份报文中含有不同分组，可能沿着不同路径到达终点，在终点需要重新排序。用户通信时，不需要呼叫建立和释放阶段，IP 网络中采用的是数据报方式。它的特点是：无连接方式，不建立连接；网络对每个数据报进行选路；通信期间路由可变；灵活、线路利用率高；时延大、控制复杂、需排序。

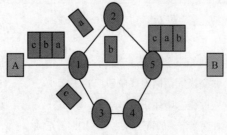

图 1-1-19　数据报方式的分组交换

9

虚电路方式是一种面向连接的方式（图1-1-20），和打电话的过程类似。用户在进行通信之前，需要建立逻辑上的连接。一旦建立连接，就在网络中保持已建立的数据通路，用户发送的数据（以分组为单位）将按顺序通过网络到达终点；用户不需要发送和接收数据时，可清除连接。一次通信过程有呼叫建立、数据传输和资源释放三个过程。

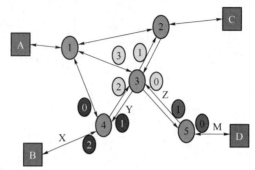

图1-1-20　虚电路方式的分组交换

具体的过程是：交换节点将其所有链路编号，一次通信的呼叫建立阶段，第1个数据包所经过的每个交换节点会记录下其所经过的链路号，本次通信的后续数据都会沿着同一路径（相同的节点和链路号）进行传输，如图1-1-20中X—Y—Z—M路径，对应各链路（4.2）—（4.1）—（3.2）—（3.0）—（5.1）—（5.0）。通信结束后，释放这些节点、链路资源。

虚电路方式的特点是：面向连接（连接建立/拆除、数据传送、差错控制）；与一次通信有关的全部分组沿着相同的物理通路传送；数据传送期间路由固定；时延小、控制简单、不需要排序；线路利用率低。

1.1.4　任务实施

（1）请列举通信网的三个组成部分。
（2）请说出公共交换固话网发展的三个大的阶段。
（3）请用一句话正确阐述交换的概念。
（4）请列举两种交换方式的至少两个特点和主要区别。

1.1.5　任务验收

任务评价表见表1-1-2。

表1-1-2　任务评价表

评价类型	赋分	序号	具体指标	分值	得分		
					自评	组评	师评
职业能力	65	1	通信网的三个组成部分列举正确	15			
		2	公共交换固话网发展阶段回答正确	15			
		3	交换的概念阐述正确	10			
		4	两种交换方式的特点和主要区别回答正确	25			

续表

评价类型	赋分	序号	具体指标	分值	得分		
					自评	组评	师评
职业素养	20	1	坚持出勤，遵守纪律	5			
		2	协作互助，解决难点	5			
		3	按照标准规范操作	5			
		4	持续改进优化	5			
劳动素养	15	1	按时完成，认真填写记录	5			
		2	保持工位卫生、整洁、有序	5			
		3	小组分工合理	5			

1.1.6 回顾与总结

总结反馈表见表1-1-3。

表1-1-3 总结反馈表

总结反思	
目标达成：知识□□□□□ 能力□□□□□ 素养□□□□□	
学习收获：	老师寄语：
问题反思：	
	签字：_____

问题与讨论：

（1）通信网由哪些设备组成？各设备的功能是什么？

（2）我国目前的公共交换固话网分为几级？

（3）你所知道的交换技术有哪些？它们的工作原理是什么？

任务 1.2 认知 NGN 和软交换系统

1.2.1 任务描述

以软交换设备为核心的 NGN 系统（简称 NGN 软交换系统）是下一代语音与多媒体交换系统之一，支持 VoIP 业务。本任务学习 NGN 和软交换产生背景、定义、软交换设计思想，以及 NGN 软交换系统的四层体系结构、华为 NGN 软交换解决方案、NGN 软交换系统采用的协议和提供的业务、NGN 软交换系统基本组网和典型组网等内容。

1.2.2 学习目标和实验器材

学习完该任务，您将能够：
（1）正确说出 NGN 和软交换的大致定义。
（2）正确阐述软交换的设计思想。
（3）画出 NGN 软交换系统的四层架构图。
（4）列举 NGN 软交换架构在现网的应用。
（5）列举出至少三个华为 NGN 软交换系列产品。
（6）说出 NGN 软交换系统采用的至少两种常用协议。
（7）列举 NGN 软交换系统能提供的至少两种业务。
实验器材：无。

1.2.3 知识准备

1.2.3.1 NGN 产生的背景

移动通信、数据通信、多媒体通信的迅猛发展，需要重新架构和设计新一代的通信网络，以灵活适应通信需求的变化，并降低运营成本。

体验高品质信息生活的用户需求，微电子技术、光传输容量、移动通信技术和 IP 技术的高速发展及实践，驱动了以 IP 网为核心，统一承载语音、数据、视频业务的三网融合实践。NGN（下一代网络）应运而生。

NGN 作为电信级、可管理、可运营的 IP 业务架构，得到全球认可，实际应用最早从企业网开始，并扩展到运营商网络。它可以综合满足固话、移动、数据等基本通信业务的需要，并可以灵活开展包括多媒体在内的多种新通信业务。

2002 年是 NGN 商用的准备年，2003 年是起步年，2010 年前是 NGN 的大发展年。发展年历如图 1-2-1 所示。

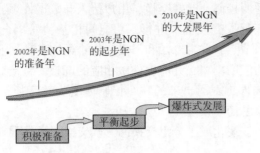

图 1-2-1 NGN 发展年历

1.2.3.2 NGN 的定义和特点

NGN 的定义是指下一代融合网，泛指大量采用新技术，以 IP 为中心，同时支持语音、数据和多媒体业务，实现用户之间的业务互通及共享的融合网络。包含下一代传送网、下一代接入网、下一代交换网、下一代互联网和下一代移动网。

NGN 采用开放式网络架构；采用分层体系结构：媒体接入层、核心交换层、网络控制层、业务管理层；控制与连接分离；NGN 承载网趋向于采用统一的 IP 协议实现业务融合；NGN 是基于统一协议的网络；同时支持语音、数据、视频等多种业务；接入和覆盖均具有优势；建设成本和维护成本低。

1.2.3.3 软交换的设计思想、定义和特点

软交换的概念最早起源于美国企业网应用。在企业网络环境下，用户可采用基于以太网的电话，再通过一套基于 PC 服务器的呼叫控制软件，实现 PBX 功能（IP PBX）。

受到 IP PBX 成功的启发，将传统的交换设备部件化，分为呼叫控制与媒体处理。呼叫控制实际上是运行于通用硬件平台上的纯软件，媒体处理将 TDM 转换为基于 IP 的媒体流。Soft Switch（软交换）技术应运而生。下面通过图 1-2-2 具体了解电路交换模式与软交换模式的区别，加深对软交换设计思想的认识与理解。

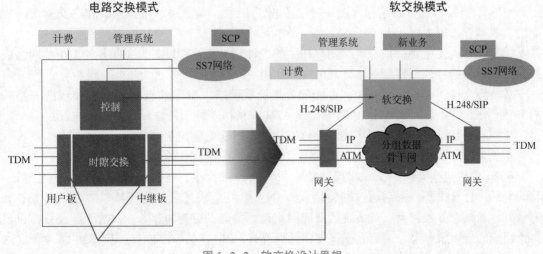

图 1-2-2 软交换设计思想

电路交换模式下，呼叫控制、时隙交换、用户接入与数据处理、业务和管理这几大功能都集中在同一个设备——程控交换机中进行，功能间相互关联耦合，当要提供一个新业务时，需要升级所有的交换节点，非常麻烦和昂贵，很难适应各种新业务的涌现。

软交换模式进行了功能的剥离，并对硬件做相应的调整。将接口板演变为网关，将交换电路演变为分组交换网，再将剥离出来的呼叫控制演变为软交换，同时，将业务也独立出来，这就成为一个软交换的简单模型。

交换电路在软交换中，演化成了分组交换网。软交换不再局限在一台交换机内，而是处于整个交换网之上。

软交换一方面向下控制各网关之间的通信、计费、资源管理等功能；另一方面，通过开放的应用编程接口或接口协议，为业务应用层提供业务开发和接入服务。而各功能实体之间，比如软交换和业务之间、软交换和网关之间，都通过标准的接口和协议来通信。这就是软交换的设计思想。

分组交换网只负责 IP 分组的转发，由我们熟悉的分组交换机和路由器组成。两个没有 IP 地址的电话，使用分组网来通话，需要有人将电话号码和 IP 地址进行映射与解析，而且还要在分组网中提供类似于电路交换中的呼叫控制，比如摘机要给拨号音，接通要给回铃音，此外，还有选路、认证、计费、资源管理等，这些就是软交换的具体职责。分组交换网和软交换的分工，就像邮局和运输公司的分工，通常把分组交换网称为承载网。

不同网络之间的信号格式的转换，由网关来负责，这样就形成软交换业务提供与呼叫控制相分离，呼叫控制又与承载相分离的体系结构。

软交换的这种体系结构非常符合 NGN 的发展方向，因此成为 NGN 的关键技术。

信息产业部给软交换的定义是：网络演进以及下一代分组网络的核心设备之一。它独立于传送网络，主要完成呼叫控制、资源分配、协议处理、路由、认证、计费等主要功能，同时可以向用户提供现有电路交换机所能提供的所有业务，并向第三方提供可编程能力。

软交换技术的特点：基于 IP 分组，开放的网络结构，业务与呼叫控制相分离，与网络分离，业务与接入方式分离，快速提供新业务。

1.2.3.4　NGN 软交换系统的体系结构

NGN 软交换系统体系结构（图 1-2-3）分为四层，包括边缘接入层、核心交换层、控制层、业务管理层。

①边缘接入层主要是指与现有网络相关的各种网关和终端设备，完成各种类型的网络或终端到核心层的接入，完成媒体处理的转换作用。

②核心交换层是一个基于 IP/ATM 的分组交换网络，NGN 将业务媒体转换成统一格式的 IP 分组或 ATM 信元，利用 IP 路由器或 ATM 交换机等骨干传输设备实现传送。

③控制层是整个软交换网络架构的核心，主要指软交换控制设备。

④业务管理层用于在呼叫建立的基础上提供附加的增值业务以及运营支撑功能。

在 NGN 软交换架构中，呼叫控制统一由软交换来提供，各种用户终端，如固定电话、移动电话、计算机等，只需通过网关接入 NGN，即可互联互通，实现基本的电信业务和补充业务。通过业务控制点，与传统的智能网互通，可提供智能网业务。而对于新业务，可以架设相应的应用服务器，通过软交换提供的标准接口和协议，在全网范围内提供该业务。这样，NGN 就能满足多种用户的不同需求。

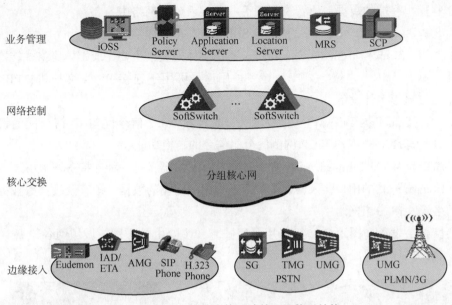

图 1-2-3　NGN 软交换系统的四层体系结构

1.2.3.5　华为 NGN 软交换解决方案

华为公司提供了一整套 NGN 软交换的解决方案。

边缘接入层设备（图 1-2-4）通过各种接入手段将各类用户或终端连接至网络，并将其信息格式转换为能够在网络上传递的信息格式。

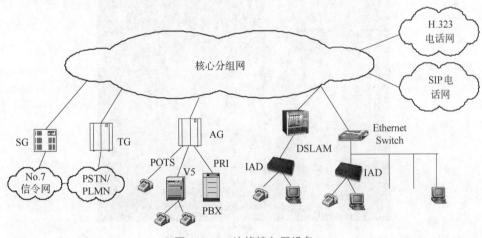

图 1-2-4　边缘接入层设备

（1）TMG（Trunk Media Gateway）：中继媒体网关，是位于电路交换网与 IP 分组网之间的网关，主要完成 PCM 信号流与 IP 媒体流之间的格式转换。

（2）AMG（Access Media Gateway）：接入媒体网关，用于为各种用户提供多种类型的业务接入，如模拟用户接入、ISDN 用户接入、V5 用户接入、xDSL 接入等，如华为的 UA5000。

（3）IAD（Integrated Access Device）：综合接入设备，属于 NGN 体系中的用户接入层设

备，用于将用户终端的数据、语音及视频等业务接入分组网络中。

（4）SIP Phone：SIP 电话，一种支持 SIP 协议的多媒体终端设备。

（5）UMG（Universal Media Gateway）：通用媒体网关，主要完成媒体流格式转换与信令转换功能，具有 TMG、内嵌 SG、UA 等多种用途，可用于连接 PSTN 交换机、PBX、接入网、基站控制器等多种设备。

（6）SG（Signaling Gateway）：信令网关，是连接 No.7 信令网与 IP 信令网的设备，主要完成 PSTN 侧的 No.7 信令与 IP 网侧的分组信令的转换功能。

（7）MTA（Media Terminal Adapter）：媒体终端适配器，是一种支持 NCS 协议（Network-Based Call Signaling）的用户接入层设备，用于将用户终端的数据、语音及视频等业务通过有线电视网络接入 IP 分组网络中。

核心交换层设备（图 1-2-5）采用分组技术，主要由骨干网、城域网各设备（如路由器、三层交换机等）组成。

| S2700-24-AC | S5700 | AR1200 |

图 1-2-5　核心交换层设备

网络控制层实现呼叫控制，其核心技术采用软交换技术，用于完成基本的实时呼叫控制和连接控制功能。如华为 SoftSwitch（SoftX3000，图 1-2-6）。

图 1-2-6　华为 SoftX3000 设备

业务管理层用于在呼叫建立的基础上提供附加的增值业务以及运营支撑功能。

（1）MRS（Media Resource Server）：媒体资源服务器，用于提供基本和增强业务中的媒体处理功能，如华为公司的 MRFP6600、MRS6100。

（2）iOSS（integrated Operation Support System）：综合运营支撑系统，包括统一管理 NGN 设备的网管系统和融合计费系统。

（3）PS（Policy Server）：策略服务器，用于管理用户的 ACL（Access Control List）、带宽、流量、QoS 等方面的策略。

（4）LS（Location Server）：位置服务器，用于动态管理 NGN 内各软交换设备之间的路由，指示电话目的地的可达性。

（5）SCP（Service Control Point）：业务控制点，是传统智能网的核心构件，它存储用户数据和业务逻辑。

1.2.3.6　NGN 软交换系统所采用的协议

NGN 软交换系统是基于统一协议的网络。在通信网中，任何相邻的两个节点之间都会定义一个接口，这个接口包含了一组通信协议，这组通信协议通常可以按 ISO（International Organization for Standardization，国际标准化组织）提供的 OSI 模型（Open System Interconnection Reference Model，开放式系统互联通信参考模型）进行分层。

NGN 软交换系统控制与承载相分离，利用现有的 IP 网络作为它的承载网。所以承担承载传输任务的低 4 层协议并不是 NGN 软交换的个性化协议。NGN 的个性化协议在应用层，如 SIGTRAN、H.248、MGCP、SIP 等，这些协议都和软交换设备相关。

按照协议的功能，可分为信令传输协议、承载控制协议、呼叫控制协议、应用支持协议四类，如图 1-2-7 所示。

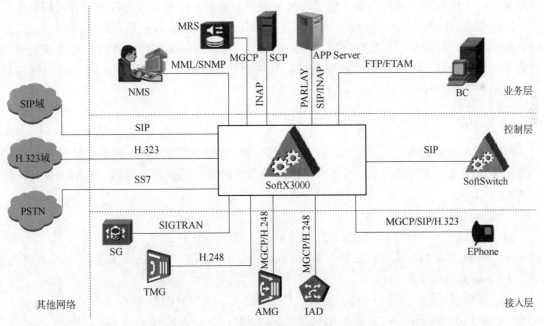

图 1-2-7　NGN 软交换系统所采用的协议

信令传输层协议，是软交换设备与信令网关设备间采用的协议，为软交换提供信令传输业务，如 SIGTRAN 协议。

承载控制协议是一种主从协议，用于媒体网关控制器（MGC）控制媒体网关（MG）。如 H.248、MGCP 协议。NGN 将呼叫和承载连接进行分离，软交换设备通过对各种业务网关（TG 中继媒体网关、AG 接入媒体网关、UMG 通用媒体网关、IAD 综合接入设备、RG 注册网关）等的管理，实现分组网络和传统固话网 PSTN 的业务互通。

呼叫控制协议用于控制呼叫过程建立、接续、中止的协议。SoftX3000 使用的呼叫控制协议包括 ISUP、INAP、SIP 和 H.323 等。软交换设备与电路交换固话网间采用 ISUP 协议，与智能网转接点间采用 INAP 协议，与网络电话 EPhone、其他软交换设备采用 SIP、H.323 协议。

软交换设备与各业务服务器间采用的协议称为应用支持协议，如 SNMP 协议（简单网络管理协议）、FTP、PARLAY、SIP、INAP、MAP、LDAP、RADIUS、TRIP、COPS 等。

1.2.3.7　NGN 软交换系统所提供的业务

NGN 软交换系统提供三类主要业务：基本的电话业务、多媒体业务和 IP-Centrex 业务。基本的电话业务提供全面兼容 PSTN 的基本业务、补充业务、传真业务和 ISDN 业务等。

①基本业务包括本局、本地、国内长途和国际长途的自动拨号和计费、话务员代答、各类查询、特服呼叫、呼叫移动用户等。

②补充业务包括缩位拨号、热线、呼出限制、免打扰服务、查找恶意呼叫、遇忙寄存呼叫、按时间段前转、无条件呼叫前转、无应答呼叫前转、呼叫等待、主叫号码显示、主叫线识别限制等。

NGN 提供的多媒体业务包括点对点通信和视频会议业务。点对点业务提供即时消息、视频通话、文件传输、应用共享、电子白板和内容发布等。视频会议支持视频和音频会议。

NGN 提供的 IP-Centrex 业务包括基本业务和补充业务。基本业务有群内呼叫、出群呼叫、基本呼叫、群内分组、紧急呼叫、区别振铃等。IP-Centrex 用户特有的补充业务包括同群共享的缩位拨号、群外来话的呼叫前转、呼叫前转话务台、群内呼叫前转、群内呼叫转移、同组代答和专线呼叫等。

1.2.3.8　NGN 软交换系统基本组网

NGN 软交换系统有三种基本组网方式：第一种是端局组网，第二种是汇接局组网，第三种是多媒体组网。下面以 1.2.3.5 节中介绍的华为软交换系列产品为例，介绍三种基本组网方式。

1. 端局组网

SoftX3000 可以用作传统 PSTN 网络的 C5 局（端局，图 1-2-8）与下列设备对接：RSP（Remote Subscriber Processor）设备、V5 接入设备、PBX（Private Branch Exchange）设备、NAS（Network Access Server）。

SoftX3000 支持下列信令传输适配协议：M2UA（SS7 MTP2-User Adaptation Layer）、V5UA（V5 User Adaptation Layer）、IUA（ISDN Q.921-User Adaptation Layer）等。

支持下列 PSTN 信令：MTP（Message Transfer Part）、ISUP（Integrated Services Digital Network User Part）、R2、V5.2、DSS1（PRA）。

2. 汇接局组网

SoftX3000 与华为公司的 UMG8900、SG7000 等产品配合组网时，可用作传统 PSTN 网络的 C4 局（汇接局，图 1-2-9）。

SoftX3000 支持 M2UA、M3UA、ISUP 等信令与协议，并支持子路由组选路。SoftX3000

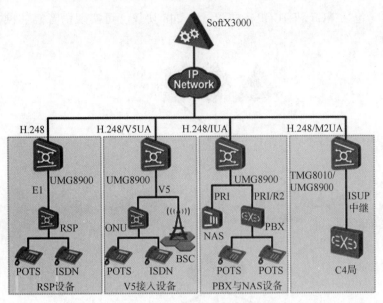

图 1-2-8　端局组网方案

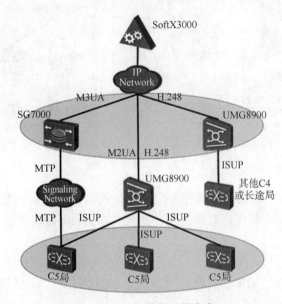

图 1-2-9　汇接局组网方案

与 C5 局交换机的对接有两种组网方式：

（1）当采用 M2UA 协议时，华为公司的中继媒体网关 UMG8900 具有内置信令网关功能，SoftX3000 可只通过 UMG8900 与 C5 局交换机对接，该组网最大的特点是网络建设成本低廉。

（2）当采用 M3UA 协议时，SoftX3000 通过 UMG8900、SG7000 与 C5 局交换机对接，其中，UMG8900 完成媒体流转换功能，SG7000 完成信令转换功能。

3. 多媒体组网

SoftX3000 支持 SIP 协议，提供 SIP Server 的功能，可实现多媒体终端的接入；SoftX3000

也支持 MGCP（包括 NCS 和 TGCP）协议、H.248 协议，可实现语音媒体网关的接入，如图 1-2-10 所示。

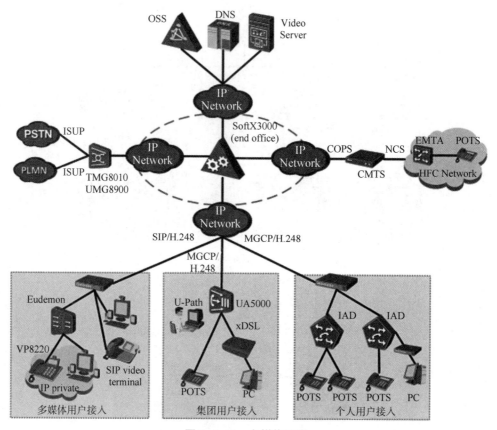

图 1-2-10　多媒体组网

NGN 软交换系统组网方式的前两种是公共交换固话网和移动网的演进方式，后一种是为 NGN 的多媒体终端用户提供点对点视频、视频多方会议等多媒体服务和语音服务。

1.2.3.9　NGN 软交换系统典型组网

下面介绍三种典型的 NGN 软交换组网方式：双归宿组网、小区组网、企业组网。仍以华为软交换系列产品为例。

SoftX3000 提供两种双归属组网方案：主备方式和负荷分担方式（图 1-2-11）。

主备方式相当于"1+1 热备份"，组网比较简单，两个 SoftX3000 的配置数据具有规律性，数据规划、配置与维护简单，改造和维护成本较低。需要接入层设备支持双归属机制，组网实施不易实现全网覆盖。

负荷分担方式相当于"1：1 热备份"，组网比较复杂，两个 SoftX3000 的数据配置不具有规律性，数据规划、配置与维护复杂，改造和维护成本较高。需要接入层设备支持双归属机制，组网实施不易实现全网覆盖。由于端局会经常进行数据调整，数据一致性同步频繁，风险较大，不推荐端局采用负荷分担方式双归属组网。

下面介绍两种小区组网方案。

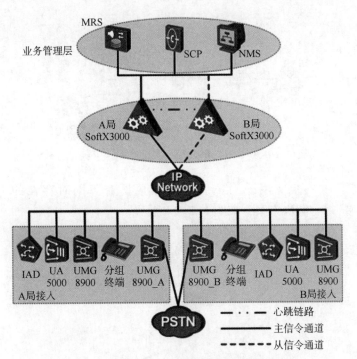

图 1-2-11　负荷分担方式的双归宿组网

第一种 SoftX3000+接入网关（图1-2-12）。网关提供 Z 口、BRI 接口、PRI 接口、ADSL 接口、V5 接口接入等接入方式。该方案主要针对普通住宅小区，特点是满足用户的语音业务需求，满足部分用户的宽带通信需求，组网简单、灵活，可根据小区用户对各种业务的需求量来灵活配置接入网关的用户接口板卡。

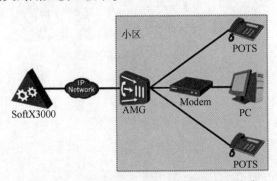

图 1-2-12　SoftX3000+接入网关小区组网方案

第二种是 SoftX3000+IAD+SIP 终端（图 1-2-13）。IAD 设备可以提供多种类型的用户接口，如以太网接口以及语音数据的综合接口等；SIP 终端可与 SoftX3000 应用服务器相配合，完成语音、数据和视频等业务。该方案主要针对楼宇内有综合布线系统的小区，具有如下特点：满足用户的语音业务需求，满足用户对宽带数据业务的需求，满足用户对多媒体、用户自定义业务的需求，提供基本业务，如 PSTN 业务、IN 业务、拨号上网业务、宽带接入业务等，提供增值业务，如单击拨号、主叫号码呼叫前转、语音聊天室、统一号码、视频会议、VOD 等。

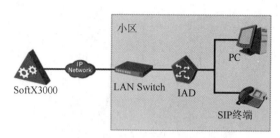

图 1-2-13　SoftX3000+IAD+SIP 终端小区组网方案

企业组网需要解决企业用户对语音业务和数据业务同时存在的大量需求，提供 SoftX3000 为主体的综合解决方案，如图 1-2-14 所示。

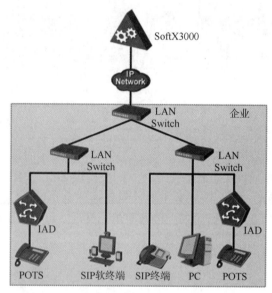

图 1-2-14　企业组网方案

1.2.4　任务实施

（1）正确说出软交换的设计思想。
（2）画出 NGN 软交换系统的四层架构图。
（3）列举 NGN 软交换系统架构在网络中的应用。
（4）列举出至少三个华为的 NGN 软交换系列产品。
（5）说出 NGN 软交换系统采用的至少两种常用协议。

1.2.5　任务验收

任务评价表见表 1-2-1。

表 1-2-1　任务评价表

评价类型	赋分	序号	具体指标	分值	得分		
					自评	组评	师评
职业能力	65	1	阐述软交换的设计思想正确	25			
		2	NGN 软交换系统的四层架构图画得正确	15			
		3	列举 NGN 软交换架构在网络中的应用正确	10			
		4	列举至少三个华为的 NGN 软交换系列产品正确	5			
		5	列举 NGN 软交换系统采用的至少两种常用协议正确	10			
职业素养	20	1	坚持出勤，遵守纪律	5			
		2	协作互助，解决难点	5			
		3	按照标准规范操作	5			
		4	持续改进优化	5			
劳动素养	15	1	按时完成，认真填写记录	5			
		2	保持工位卫生、整洁、有序	5			
		3	小组分工合理	5			

1.2.6　回顾与总结

总结反馈表见表 1-2-2。

表 1-2-2　总结反馈表

总结反思	
目标达成：知识□□□□□　能力□□□□□　素养□□□□□	
学习收获：	老师寄语：
问题反思：	签字：＿＿＿＿＿＿

问题与讨论：

（1）请根据图 1-2-2 描述从电路交换模式到软交换模式发生了哪些转变。

（2）软交换设备的基本功能有哪些？

（3）软交换技术的特点有哪些？

（4）请谈谈你是如何理解协议的。

（5）NGN 软交换系统采用的协议有哪些？它们分别是什么功能？在哪些设备之间采用？

任务 1.3　认知 IP 多媒体子系统（IMS）

1.3.1　任务描述

IP 多媒体子系统（IMS）是基于 SIP 协议的会话控制系统。以 IMS 网络为核心的 NGN 系统（简称 NGN IMS 系统）是下一代语音与多媒体交换系统之一，支持 VoLTE 和 VoNR 业务。本任务学习 IMS 产生背景、软交换与 IMS、NGN IMS 系统的网络结构、IMS 网络功能实体等内容。

1.3.2　学习目标和实验器材

学习完该任务，您将能够：

（1）列举 IMS 网络的三个以上特点。

（2）画出 NGN IMS 系统的四层网络结构图。

（3）列举 NGN IMS 系统在现网中的应用。

（4）说出 IMS 网络至少三个主要功能实体，并阐述其功能。

实验器材：无。

1.3.3　知识准备

1.3.3.1　IMS 产生的背景

IMS 最初来源于移动通信标准领域，是由 3GPP 在其 Release 5 中引入的。产生的背景是：固定网络和移动网络的融合成为电信业的发展趋势，全网 IP 化已经得到了业界的广泛认同，需要新的体系架构支持固定/移动融合，提供电信级的 QoS 保证，提供各类综合业务。

基于 SIP 协议的 IMS 框架通过最大限度重用 Internet 技术和协议、继承蜂窝移动通信系统特有的网络技术和充分借鉴软交换技术，使其能够提供电信级的 QoS 保证、对业务进行有效而灵活的计费，并具有了融合各类网络综合业务的强大能力。

IMS 作为解决固定网络与移动网络融合，支持语音、数据、多媒体等差异化业务的重要解决方案，提供了标准化的体系结构，被认为是下一代网络（NGN）的核心技术。

IMS 的特点有：①与接入无关。IMS 借鉴软交换网络技术，采用基于网关的互通方案，支持多种接入方式。②协议统一。采用 SIP 协议进行控制，能够灵活、便捷地支持 IP 多媒体业务，并与现有 IP 网络平滑对接。③业务与控制分离。④归属服务控制。⑤用户数据与交换控制分离。可以解决用户移动性、用户的号码携带和智能业务触发等问题。⑥水平体系架构。⑦策略控制和 QoS 保证。

1.3.3.2 软交换与 IMS

软交换技术与 IMS 技术的相同点是，软交换与 IMS 都是作为下一代网络（NGN）技术提出的，实现目标均是构建一个基于分组的、层次分明的、开放的下一代网络，实现控制和承载分离。

软交换的主要贡献是提出了分层思想，利用了分组数据网信息传送的能力，把传统电路交换机的呼叫控制功能、媒体承载功能、业务功能进行了分离。软交换设备不再处理媒体流和业务的属性，而是负责基本的呼叫控制及其相关的一些属性。

软交换对电话语音业务、IP 接入、非 IP 接入以及与 PSTN/VoIP 互通等方面考虑较多，对移动性管理和多媒体业务的提高考虑较少。

目前软交换技术比较成熟，在我国得到广泛应用，支持 VoIP 业务。

IMS 在软交换技术控制与承载分离的基础上，更进一步实现了呼叫控制层和业务控制层的分离。

IMS 更关注逻辑网络结构和功能，能够提供实际运营所需的各种能力。

IMS 充分考虑了对移动性的支持，与具体的接入方式无关。

目前 IMS 技术已得到大量应用，支持 VoLTE 和 VoNR 业务。

1.3.3.3 NGN IMS 系统的网络结构

NGN IMS 系统的网络结构如图 1-3-1 所示，分为应用层、业务能力层、会话控制层、接入与互通层。

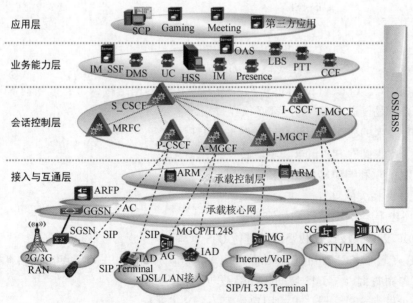

图 1-3-1 IMS 网络结构

接入与互通层发起和终结各类 SIP 会话，实现 IP 分组承载与其他各种承载之间的转换，根据业务部署和会话层的控制实现各种 QoS 策略，完成与 PSTN/PLMN 之间的互联互通。设备包括各类 SIP 终端、有线接入网关、无线接入网关、互联互通网关等。

业务能力层、会话控制层合称 IP 多媒体核心网络层，全部基于 IP，提供多媒体业务环境。完成基本会话的控制，完成用户注册、SIP 会话路由控制，与应用服务器交互执行应用业务中的会话、维护管理用户数据、管理业务 QoS 策略等功能。IMS 系统的大部分核心功能实体均处于本层。

应用层提供多媒体业务的应用平台，可以向用户提供多种综合业务。

1.3.3.4　IMS 网络的功能实体

通过上面 IMS 网络结构的介绍，可知 IMS 网络功能实体主要包括呼叫控制、数据库、业务平台等方面，见表 1-3-1。

表 1-3-1　IMS 网络功能实体

功能	网元	功能	网元
呼叫控制	P-CSCF	媒体资源	MRFC
	I-CSCF		MRFP
	S-CSCF	对外接口	MGCF
数据库	HSS		IMS-MGW
	SLF		BGCF
业务平台	SIP-AS	其他网元	PDF/PEP
	OSA-AS		DNS/ENUM
	IMS-SSF		NAT/ALG

1. 呼叫控制实体 CSCF（Call Session Control Function）

有三种类型：P-CSCF、I-CSCF、S-CSCF。

P-CSCF：代理 CSCF（proxy CSCF），是 IMS 用户的网络接入节点。所有 SIP 信令，无论是来自 UE 还是发送给 UE 的，都必须经过它。主要功能：

①将 UE 发来的注册请求消息转发给 I-CSCF。

②将从 UE 收到的 SIP 请求和响应转发给 S-CSCF。

③将 SIP 请求和响应转发给 UE。

④发送计费相关信息。

⑤提供 SIP 信令的完整性和机密性保护。

⑥和 PDF 交互，授权承载资源并进行 QoS 管理。

I-CSCF：查询 CSCF（Interrogating CSCF），类似于 IMS 的关口节点，提供本域用户服务节点分配、路由查询以及 IMS 域间拓扑隐藏功能。具体有：

①为一个发起 SIP 注册请求的用户分配一个 S-CSCF。

②将从其他网络来的 SIP 请求路由到 S-CSCF。

③查询归属用户服务器 HSS，获取为某个用户提供服务的 S-CSCF 地址。

④根据从 HSS 获取的 S-CSCF 地址将 SIP 请求和响应转发到 S-CSCF。

⑤生成计费记录。

⑥提供网间拓扑隐藏网关功能。

S-CSCF：服务 CSCF（serving CSCF），在 IMS 核心网中处于核心控制地位，负责对 UE 的注册鉴权和会话控制，执行针对主叫端及被叫端 IMS 用户的基本会话路由功能，并根据用户签约的 IMS 触发规则，在条件满足时，进行到 AS 的增值业务路由触发及业务控制交互。在注册和呼叫过程中的主要功能：

①接收注册请求。

②实现用户与归属网络间的相互认证。

③处理消息流，包括：为已经注册的会话终端进行会话控制；作为代理服务器，处理或转发收到的请求；作为用户代理，中断或者独立发起 SIP 事务；与服务平台交互来向用户提供服务；提供终端相关的服务信息。

④当代表主叫的终端时，寻找被叫所接入的 I-CSCF 并转发 SIP 请求或响应；当呼叫要路由到 PSTN 或 CS 域时，把 SIP 请求或响应转发给对应网关。

⑤当代表被叫的终端时，如果用户在归属网络中，把 SIP 请求或响应转发给 P-CSCF；如果用户在拜访网络中，把 SIP 请求或响应转发给 I-CSCF。当呼叫要路由到 PSTN 或 CS 域时，把 SIP 请求或响应转发给对应网关。

⑥发送计费消息。

P/S/I-CSCF 在物理实体上可以是合一的。三者的关系如图 1-3-2 所示。漫游用户向拜访地的 P-CSCF 注册，信令经过查询转接到归属地的 S-CSCF 上，之后的业务信令流程就会从拜访地 P-CSCF 到归属地的 S-CSCF 上。

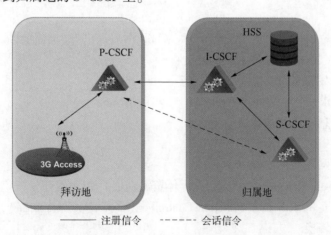

图 1-3-2　三种 CSCF 的关系

2. HSS（The Home Subscriber Server，归属用户服务器）

用于存储用户数据。主要功能：

存储用户身份信息（用户标识、号码和地址）、用户安全信息（用户网络接入控制的鉴权和授权信息）、用户的位置信息和用户的签约业务信息。对移动性管理、呼叫和会话建立、鉴权、漫游接入授权、用户的多标识处理等功能提供支持。

3. SLF（Subscription Locator Function，签约数据定位功能）

当运营商拥有多个 HSS 时，I-CSCF/S-CSCF 在登记注册及事务建立过程中通过 SLF 获得用户签约数据所在的 HSS 的域名，SLF 通常内置在 HSS 中。SLF 可以看作一种专对 HLR 的地址解析机制。

4. 业务平台

业务平台功能网元如图 1-3-3 所示。

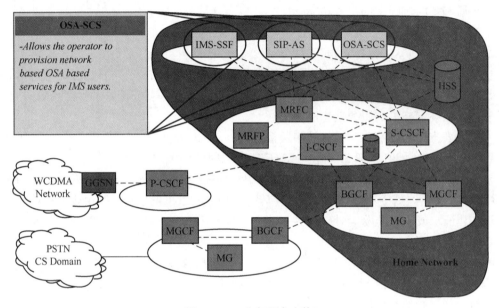

图 1-3-3　业务平台实体

AS（Application Server，应用服务器）：为 IMS 用户提供 IM 增值业务，可以位于用户归属网，也可以由第三方提供，其主要功能为：

①处理从 IMS 发来的 SIP 会话。

②发起 SIP 请求。

③发送计费信息给计费设备。

5. 媒体资源

媒体资源功能网元如图 1-3-4 所示。

MRF（Multimedia Resource Function，媒体资源功能）包含两部分：

MRFC（Multimedia Resource Function Controller，多媒体资源控制器），支持与承载相关的服务或承载编码转换。

MRFP（Multimedia Resource Function Processor，多媒体资源处理器），作为网络公共资源，控制与其他 IMS 终端或 IM-MGW 之间的 IP 用户面承载连接，在 MRFC 控制下提供资源服务。

6. 对外接口

对外接口功能网元如图 1-3-5 所示。

对外接口功能的网元实现 IMS 网络与其他网络的通信。包含的网元有：

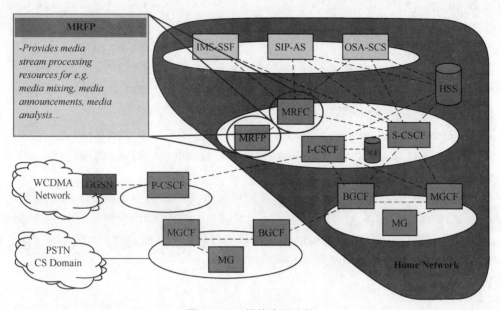

图 1-3-4 媒体资源实体

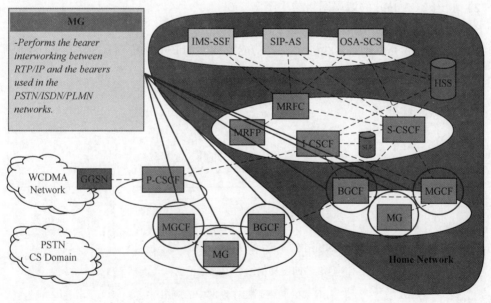

图 1-3-5 对外接口实体

MGCF（Media Gateway Control Function，媒体网关控制功能），实现 IMS 核心控制面与 PSTN 或 PLMN CS 的交互，通过 H. 248 控制 IM-MGW 完成 PSTN 或 CS TDM 承载与 IMS 域用户面的实时转换。

IM-MGW（IMS-Media Gateway Function，IP 多媒体-媒体网关功能），完成 IMS 与 PSTN 及 CS 域用户面宽窄带承载互通及必要的 Codec 编解码变换。

BGCF（Breakout Gateway Control Function，出口网关控制功能），为 IMS 到 PSTN/CS 的

呼叫选择 MGCF。

7. PDF（Policy Decision Function，策略决策功能）和 PEP（Policy Enforcement Point，策略执行点）

PDF 根据应用层相关信息进行承载资源的授权决策，将其映射到 IP QoS 参数传递给 GGSN 中的策略执行点（PEP），完成 QoS 资源的控制处理，为 IMS 业务提供 QoS 保证。

8. DNS 服务器、ENUM 服务器

DNS（Domain Name Server，域名服务器）服务器，负责 URL 地址到 IP 地址的解析。

ENUM（E.164 Number URI Mapping）服务器，负责电话号码到 URL 的转换。

9. NAT/ALG 设备

对于企业 IP 私网内的 SIP 终端，进一步要求 NAT（Network Address Translation，网络地址转换）、防火墙设备具备 ALG（Application Level Gateway，应用层网关）功能，以对 IMS SIP 信令地址及 SIP 信令所包含的 SDP 地址信息进行解析，从而实现 SIP 控制面 UDP/IP 公私网地址及相应承载面 RTP/IP 公私网地址变换。

1.3.4 任务实施

（1）列举 IMS 网络的三个以上特点。

（2）画出 NGN IMS 的四层网络结构图。

（3）列举 NGN IMS 网络架构在现网中的应用。

（4）说出 NGN IMS 网络至少三个主要功能实体，如 P-CSCF、I-CSCF、S-CSCF 等，并阐述其功能。

1.3.5 任务验收

任务评价表见表 1-3-2。

表 1-3-2　任务评价表

评价类型	赋分	序号	具体指标	分值	得分		
					自评	组评	师评
职业能力	65	1	列举 IMS 网络的三个以上特点正确	15			
		2	NGN IMS 的四层网络结构图画得正确	15			
		3	列举 NGN IMS 网络架构在现网中的应用正确	5			
		4	说出 NGN IMS 网络至少三个主要功能实体，并阐述其功能正确	30			
职业素养	20	1	坚持出勤，遵守纪律	5			
		2	协作互助，解决难点	5			
		3	按照标准规范操作	5			
		4	持续改进优化	5			

评价类型	赋分	序号	具体指标	分值	得分		
					自评	组评	师评
劳动素养	15	1	按时完成，认真填写记录	5			
		2	保持工位卫生、整洁、有序	5			
		3	小组分工合理	5			

1.3.6　回顾与总结

总结反馈表见表 1-3-3。

表 1-3-3　总结反馈表

总结反思	
目标达成：知识□□□□□　能力□□□□□　素养□□□□□	
学习收获：	老师寄语：
问题反思：	签字：＿＿＿＿＿

问题与讨论：

（1）软交换与 IMS 有哪些异同？

（2）NGN IMS 网络的结构分几层？各层分别包括哪些网元设备或者功能实体？它们的功能是什么？

项目 2

基础数据配置

🎯 项目介绍

从本项目开始，以华为软交换设备 SoftX3000 为例，介绍 NGN 软交换系统的基础网络组建方法，实现基本、典型业务的开通。本项目主要介绍 SoftX3000 设备结构和基础数据配置方法，分为四个子任务：SoftX3000 设备结构、SoftX3000 本地维护系统组网、SoftX3000 设备硬件数据配置、SoftX3000 本局和计费数据配置。

🎯 知识图谱

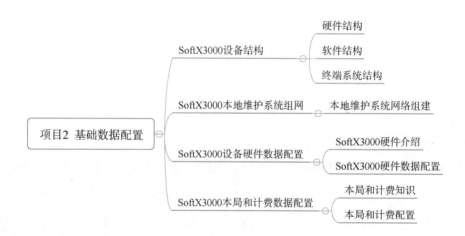

🎯 学习要求

1. 在学习和任务完成过程中，培养认真仔细、勤学好问的习惯和精益求精的工匠精神。

2. 按照知、学、做、巩固四个环节进行各任务的学习。可借助本教材配套的线上开放优质课程资源，如授课 PPT、授课视频、课题讨论、作业与测试等，提升学习效率和效果。

3. SoftX3000 本地维护系统组网任务需要结合之前的网络互联课程所学知识，培养知识融会贯通和灵活运用的能力。

4. 通过组员间相互协作，加强沟通交流能力，培养团队意识。

任务 2.1   SoftX3000 设备结构

2.1.1   任务描述

以华为软交换设备 SoftX3000 为例，介绍 NGN 软交换系统的基础网络组建和业务开通方法。本任务学习 SoftX3000 设备的硬件结构、软件结构和终端系统结构等内容。

2.1.2   学习目标和实验器材

学习完该任务，您将能够：

（1）说出 SoftX3000 硬件物理结构的组成部分和它们的功能。

（2）画出 SoftX3000 的软件系统的结构简图。

（3）画出 SoftX3000 的终端系统的结构简图。

实验器材：SoftX3000 设备、BAM 服务器、iGWB 服务器。

2.1.3   知识准备

2.1.3.1   设备的硬件结构

SoftX3000（图 2-1-1）采用 OSTA（Huawei Open Standards Telecom Architecture Platform，华为开放标准电信架构平台）作为硬件平台。机框 19 in① 宽、9 U② 高，机框有 21 个槽位，前后插板结构，统一后出线。前插板有业务板、系统管理板、告警板、电源板（前后均可安装），后插板有接口板、以太网通信板、电源板（前后均可安装）。

图 2-1-1   华为 SoftX3000 设备

---

① 1 in=2.54 cm。

② 1 U=44.45 mm。

SMUI、SIUI、HSCI、ALMI、UPWR 为固定配置，占用 9 个标准单板插槽的宽度，剩余的 12 个插槽则用于安装业务板和接口板，如图 2-1-2 所示。

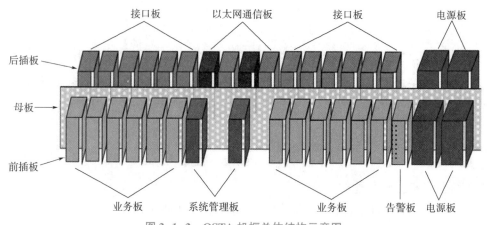

图 2-1-2　OSTA 机框总体结构示意图

SoftX3000 硬件体系结构可分为以下三个部分：

（1）业务处理子系统（又称为"主机"或"前台"）：主要完成业务处理、资源管理等功能。

（2）维护管理子系统（又称为"后台"）：主要完成操作维护、话单管理等功能。

包括 BAM（后台管理模块）、WS（工作站），用于操作维护；iGWB，用于话单管理。

（3）环境监控子系统。

由电源模块监控模块、风扇监控模块和每个机柜的配电框监控模块组成。

SoftX3000 硬件依据运行处理的数据来分类，可为操作面（维护面）、控制面（信令面）、用户面（媒体面）三个面。

SoftX3000 硬件逻辑结构如图 2-1-3 所示。

线路接口模块主要用于提供满足系统组网需求的各种物理接口，包括 FE 接口等。

信令处理模块主要用于提供信令或协议的底层处理功能，如 MTP、SIGTRAN、TCP/UDP、H.248/ MGCP 等协议的处理。

系统支撑模块（设备管理单元）主要用于实现软件加载、数据加载、设备管理、设备维护、板间通信、框间通信等功能。

后台管理模块由 BAM、iGWB、WS 等设备构成，负责提供人机接口、网管接口、计费接口等维护管理接口，主要完成操作维护、话单管理等功能。

业务处理模块的主要作用是：完成业务特性所需要的 3 层及以上高层协议（如 TUP、ISUP、MAP 等）的处理。提供应用层的呼叫控制功能，并完成业务的逻辑。提供中心数据库功能，存储集中式的资源数据（局间中继资源、上下文及终端动态表、MGW 资源描述表等），为业务处理提供呼叫资源的查询服务。

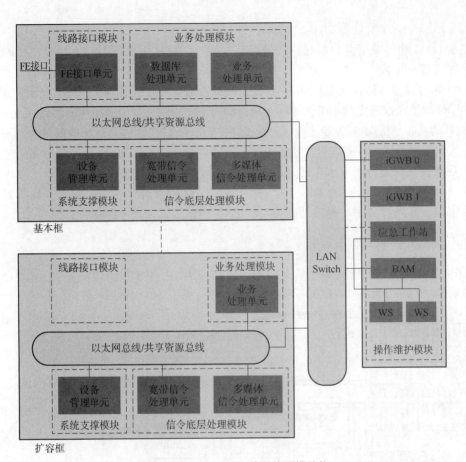

图 2-1-3 SoftX3000 的硬件逻辑结构

2.1.3.2 SoftX3000 设备的软件结构

SoftX3000 的软件系统由主机软件和后台软件（终端 OAM 软件）两大部分组成，如图 2-1-4 所示。

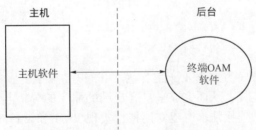

图 2-1-4 SoftX3000 的软件结构

主机软件是指运行于 SoftX3000 主处理机上的软件，主要用于实现信令与协议适配、呼叫处理、业务控制、计费信息生成等功能，并与终端 OAM 软件配合，响应维护人员的操作命令，完成对主机的数据管理、设备管理、告警管理、性能统计、信令跟踪、话单管理等功能。

后台软件（终端 OAM 软件）是指运行于 BAM、iGWB 以及工作站上的软件，它与主机软件配合，主要用于支持维护人员完成对主机的数据管理、设备管理、告警管理、性能统计、信令跟踪、话单管理等功能。

终端 OAM 软件采用客户机/服务器模型，主要由 BAM 服务器软件、计费网关软件和客户端软件三部分组成。

BAM 服务器软件运行在 BAM 中，集通信服务器与数据库服务器于一体，负责将来自各工作站的操作维护命令转发到主机，并将主机的响应或操作结果定向到相应的工作站上，是终端 OAM 软件的核心。BAM 服务器软件作为数据库平台，通过多个并列运行的业务进程（如维护进程、数据管理进程、告警进程、性能统计进程等）来实现终端 OAM 软件的主要功能。

计费网关软件运行于 iGWB 之上，是话单管理系统的核心部件，主要负责将 SoftX3000 各个业务处理模块（即 FCCU 模块）产生的话单保存和备份到物理磁盘上，作为计费中心计费的依据，并向计费中心提供计费接口（支持 FTP 协议或者 FTAM 协议）。

2.1.3.3　SoftX3000 设备的终端系统结构

SoftX3000 的终端系统软件包括本地维护系统（BAM、WS 和通信网关）、计费网关系统和网管系统三部分，如图 2-1-5 所示。

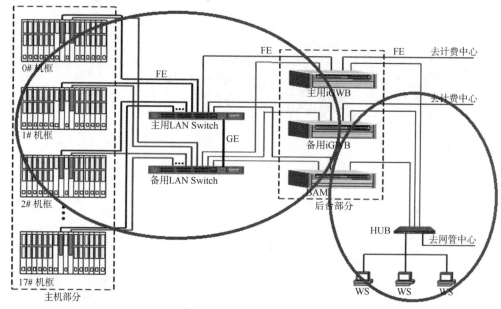

图 2-1-5　SoftX3000 设备的终端系统结构

BAM 是本地操作维护系统的核心，它作为 TCP/IP 协议中的服务器端，一端响应 WS 客户端的连接请求，建立连接，从而完成来自客户端的命令的分析与相应的处理工作；同时，另一端响应来自设备侧的连接请求，建立连接，实现 BAM 和设备的通信，从而实现来自设备的数据加载请求和告警信息的接收处理等业务。

2.1.4　任务实施

（1）说出 SoftX3000 硬件物理结构的组成部分和它们的功能。

（2）画出 SoftX3000 的软件系统的结构简图，并简要说明各部分功能。

（3）画出 SoftX3000 的终端系统结构简图。

2.1.5　任务验收

任务评价表见表 2-1-1。

表 2-1-1　任务评价表

评价类型	赋分	序号	具体指标	分值	得分		
					自评	组评	师评
职业能力	65	1	SoftX3000 硬件物理结构的组成部分和它们的功能回答正确	20			
		2	SoftX3000 的软件系统的结构简图画得正确，各部分功能说明清楚	25			
		3	SoftX3000 的终端系统结构简图画得正确	20			
职业素养	20	1	坚持出勤，遵守纪律	5			
		2	协作互助，解决难点	5			
		3	按照标准规范操作	5			
		4	持续改进优化	5			
劳动素养	15	1	按时完成，认真填写记录	5			
		2	保持工位卫生、整洁、有序	5			
		3	小组分工合理	5			

2.1.6　回顾与总结

总结反馈表见表 2-1-2。

表 2-1-2　总结反馈表

总结反思	
目标达成：知识□□□□□　能力□□□□□　素养□□□□□	
学习收获：	老师寄语：
问题反思：	签字：＿＿＿＿＿

问题与讨论：

（1）你怎么理解一个设备的物理结构和逻辑结构？

（2）请画出软交换设备的硬件逻辑结构图。

（3）软交换设备软件包括哪两个部分？分别安装在哪里？

任务 2.2　SoftX3000 本地维护系统组网

2.2.1　任务描述

本任务学习 SoftX3000 本地维护系统组网的规划、实现方法，完成组网设计和连接任务。具体要求：①SoftX3000 与 BAM、iGWB 服务器间采用交换机实现双备份网络连接（简称网络1）。②WS 和 BAM 服务器、iGWB 服务器采用交换机实现网络连接，WS 的数量为 40 台学生机和 1 台教师机（简称网络2）。

在网络设计方案上突出双备份组网设计，通过 SoftX3000 与 BAM、iGWB 服务器间，BAM、iGWB 服务器与 WS 工作站间组网设计的任务，加深对 SoftX3000 设备管理单元与本地维护系统互联组网的认识和理解。

本任务以画图的方式代替实际的设备间物理连接。

2.2.2　学习目标和实验器材

学习完该任务，您将能够：

（1）组建 SoftX3000 设备管理单元与 BAM 和 iGWB 间网络。

（2）组建 BAM 和 iGWB 与工作站 WS 间网络。

实验器材：SoftX3000、3 个二层交换机（24 口）、3 个三层交换机（24 口）、BAM、iGWB、40 台学生机、1 台教师机、网线若干。

2.2.3　知识准备

SoftX3000 设备的系统支撑模块（设备管理单元）主要用于实现软件加载、数据加载、设备管理、设备维护、板间通信、框间通信等功能。

后台管理模块由 BAM、iGWB、WS 等设备构成，负责提供人机接口、网管接口、计费接口等维护管理接口，主要完成操作维护、话单管理等功能。

SoftX3000 与后台管理模块的互联包括相对独立、不同网段的两个网络。左边是 SoftX3000 与 BAM、iGWB 服务器间互联网络；右边是 WS 和 BAM 服务器、iGWB 服务器互联网络，如图 2-1-5 所示。

SoftX3000 设备系统管理板的接口和板间互联情况如图 2-2-1 所示。图中的 17 口、27 口为 SoftX3000 与后台管理设备连接的主/备以太网口。

实验室中，为节省资源，将 BAM 服务器和 iGWB 服务器配置为双功能机。详细地说，由 BAM 服务器承担主 BAM 服务器和备用 iGWB 服务器两个功能，由 iGWB 服务器承担主

iGWB 服务器和应急工作站两个功能。

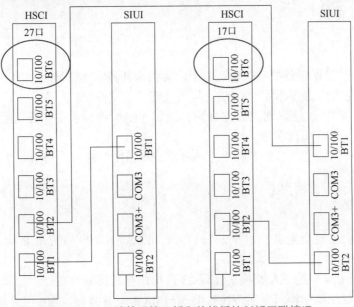

图 2-2-1　系统管理接口板和热拔插控制板互联情况

BAM 服务器和 iGWB 服务器后面板网卡各插槽号如图 2-2-2 所示。其中，BAM 服务器的 1、2 口作为主 BAM 服务器网口，3、4 口作为备用 iGWB 服务器网口，5 口作维护网口，6 口备用。iGWB 服务器的 1、2 口作为主 iGWB 服务器网口，3、4 口作为应急工作站网口，5 口作为维护网口，6 口备用。

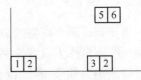

图 2-2-2　BAM 和 iGWB 服务器后面板网卡插槽号

SoftX3000 操作维护面的组网简图如图 2-2-3 所示。在实验室环境下，LAN SWITCH 0 和 LAN SWITCH 1 可以采用同一个交换机的两个 VLAN 来替代。

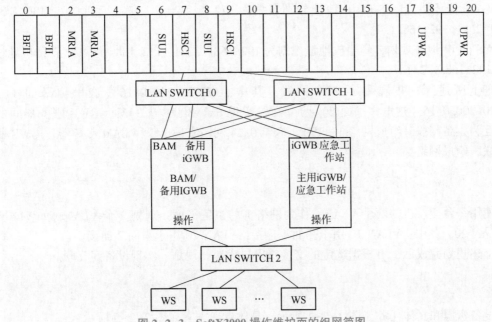

图 2-2-3　SoftX3000 操作维护面的组网简图

2.2.4 任务实施

2.2.4.1 工作步骤

每组 2~3 人，根据任务要求，确认以下内容，为任务实施作准备：

（1）选择合适的交换机设备：二层交换机或者三层交换机。

（2）根据设备 IP 地址规划，研究讨论，确定 VLAN 划分、设备互联组网方案等内容，最终选出最佳方案进行项目实施。

组内成员互相沟通交流，分工合作，顺利完成项目实施任务。最后与实验室实际组网方案对比，取长补短。

2.2.4.2 设备规划示例

（1）采用 1 台二层交换机，划分 2 个 VLAN，做 SoftX3000 系统与 BAM 服务器和 iGWB 服务器间的双备份连接。

（2）采用 1 台 24 口的二层交换机实现 23 台操作终端机的互联。

（3）采用 1 台二层交换机，实现操作终端与 BAM 服务器和 iGWB 服务器间的互联。

2.2.4.3 IP 规划示例

需要完成两个网络的 IP 规划，网络 1 实现 SoftX3000 与 BAM、iGWB 服务器间的互联，采用两个网段作为双备份网络；网络 2 实现 WS 和 BAM 服务器、iGWB 服务器的互联。

按照华为设备出厂设置，SoftX3000 系统管理相关接口板的 17 口，IP 地址规划为 172.30.200.3，27 口 IP 地址规划为 172.20.200.3。

BAM 服务器，1~5 口 IP 地址分别规划为 172.30.200.1、172.20.200.1、130.1.2.2、130.1.3.2、192.168.1.100。

iGWB 服务器，1~5 口 IP 地址分别规划为 172.30.200.2、172.20.200.2、130.1.3.1、130.1.2.1、192.168.1.4。

WS 的 IP 地址规划，学生机地址规划为 192.168.1.201~192.168.1.240，教师机地址规划为 192.168.1.241。

如上所述，一共规划了 3 个网段，其中，172.30.200.0/16（这里称平面 1）和 172.20.200.0/16（这里称平面 2）两个网段实现 SoftX3000 与 BAM、iGWB 服务器间的互联，互为主备网段，组成网络 1；192.168.1.0/24 网段实现 WS 和 BAM 服务器、iGWB 服务器互联，组成网络 2。

2.2.4.4 VLAN 规划示例

使用一台交换机的两个 VLAN，作为网络 1 的主备平面。规划 2 个 VLAN，如 VLAN 10 和 VLAN 20，其中，VLAN 10 用于平面 1 连接，VLAN 20 用于平面 2 连接。

上述规划完成后，可根据选定的交换机网口资源，规划、实现设备间互联。

2.2.4.5 参考方案

设备资源和具体任务如图 2-2-4 所示。具体参考方案如图 2-2-5 所示。

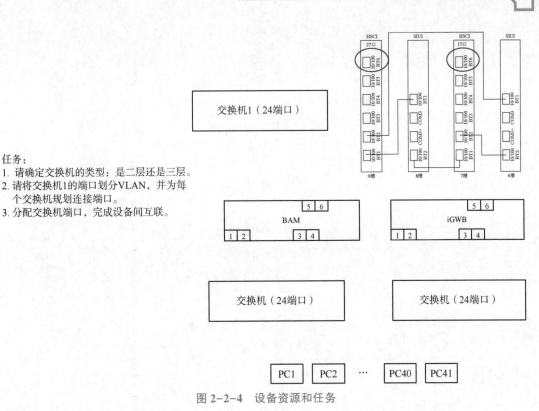

任务：

1. 请确定交换机的类型：是二层还是三层。
2. 请将交换机1的端口划分VLAN，并为每个交换机规划连接端口。
3. 分配交换机端口，完成设备间互联。

图 2-2-4　设备资源和任务

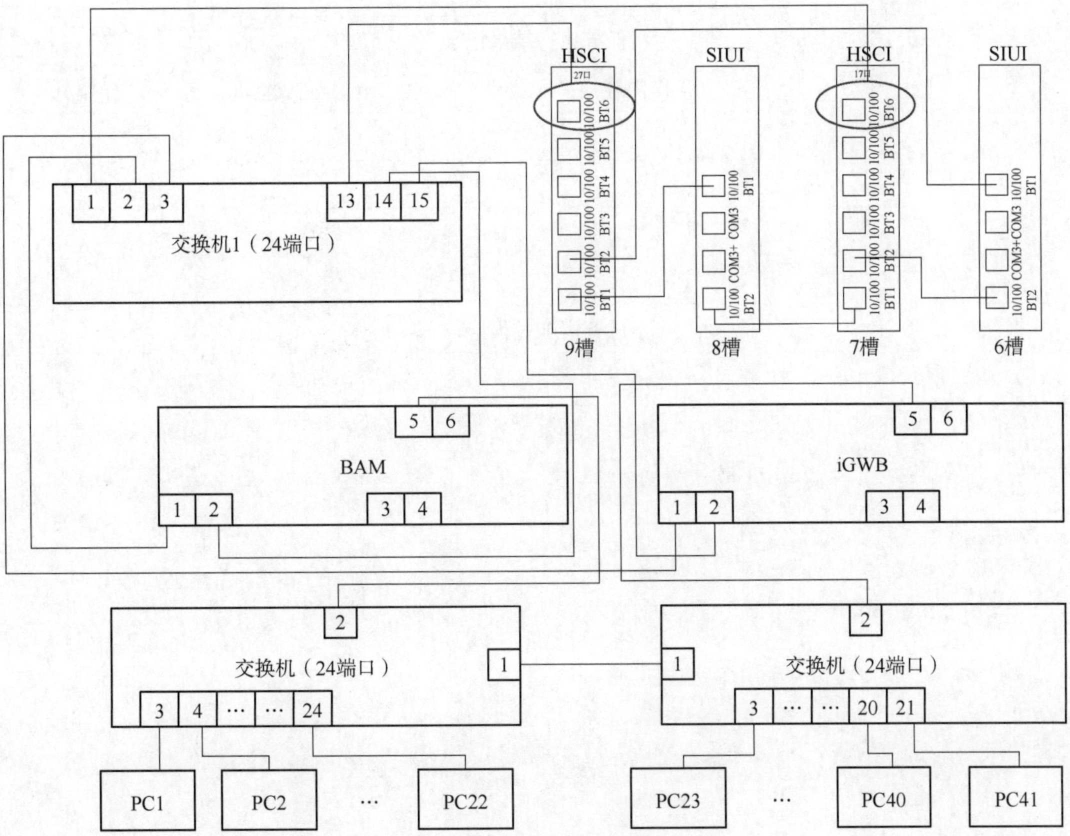

图 2-2-5　参考方案

2.2.5　任务验收

请填写工作任务单，见表 2-2-1。

表 2-2-1　工作任务单

工作任务				
小组名称		工作成员		
工作时间		完成总时长		
工作任务描述				
小组分工	姓名	工作任务		
任务执行结果记录				
序号	工作内容		完成情况	操作员
1				
2				
3				
4				
任务实施过程记录				

任务评价表见表 2-2-2。

表 2-2-2　任务评价表

评价类型	赋分	序号	具体指标	分值	得分		
					自评	组评	师评
职业能力	65	1	设备选择最优	15			
		2	设备互联组网功能合理、完备	45			
		3	与实验室实际组网方案比较异同	5			
职业素养	20	1	坚持出勤，遵守纪律	5			
		2	协作互助，解决难点	5			
		3	按照标准规范操作	5			
		4	持续改进优化	5			
劳动素养	15	1	按时完成，认真填写记录	5			
		2	保持工位卫生、整洁、有序	5			
		3	小组分工合理	5			

2.2.6　回顾与总结

总结反馈表见表 2-2-3。

表 2-2-3　总结反馈表

总结反思	
目标达成：知识□□□□□　能力□□□□□　素养□□□□□	
学习收获：	老师寄语：
问题反思：	签字：＿＿＿＿＿＿

问题与讨论：
本地维护系统网络 1 的主、备两个平面能同一个网段吗？

任务 2.3 SoftX3000 设备硬件数据配置

2.3.1 任务描述

硬件数据配置是 SoftX3000 设备基本数据配置中的重要组成部分。本任务提供 SoftX3000 的硬件数据规划和配置指导，并给出工作任务，让读者在工程项目中"做中学"，掌握硬件数据配置技能，加强对 SoftX3000 硬件结构的理解。本任务也是对华为 LMT（本地维护终端）软件和深圳讯方 e-Bridge 软件常用操作维护方法的初步学习和运用。

本任务的具体要求是：

（1）根据硬件数据规划，正确完成 SoftX3000 的硬件数据配置。

（2）硬件数据加载后，各单板运行正常，无告警。

2.3.2 学习目标和实验器材

学习完该任务，您将能够：

（1）掌握华为 LMT 本地维护终端软件和深圳讯方 e-Bridge 软件常用的操作，常用操作说明请详见二维码部分的附录 1 和附录 2。

（2）掌握 SoftX3000 硬件数据配置的流程、命令，知晓相关注意事项。

（3）根据数据规划，完成硬件数据配置和调测任务。

实验器材：SoftX3000 设备、BAM 服务器、二层交换机、三层交换机、华为 LMT 本地维护终端软件、e-Bridge 软件、计算机等。

2.3.3 知识准备

2.3.3.1 SoftX3000 机柜

SoftX3000 采用 N68-22 机柜，柜的尺寸：高 2 200 mm，宽 600 mm，深 800 mm。一个机柜最多可以容纳 4 组标准的 19 in 插框。机柜的可用空间高度：46 U。重量：空机柜 130 kg，满配置机柜 400 kg。

机柜可分为综合配置机柜（必配）、业务处理机柜（选配）和媒体资源服务器机框（选配）。

综合配置机柜可以提供完整业务处理的功能，提供对外接口（IP、时钟、TDM），提供前后台通信、计费存储的桥梁。iGWB、磁盘阵列、BAM、LAN Switch、LCD/KVM、导风框、基本框、配电框必配，其他部件选配。

业务处理机柜由配电框、扩容框、媒体资源框、导风框组成。最多可配置 4 个插框。

媒体资源服务器机框由配电框、资源服务器机框组成。等效用户数小于 10 万用户时配置。

SoftX3000 最多可以安装 18 个 OSTA 机框，对应的机框编号为 0～17。基本框最多配置 2 个框，其编号固定为 0、5，如图 2-3-1 所示。

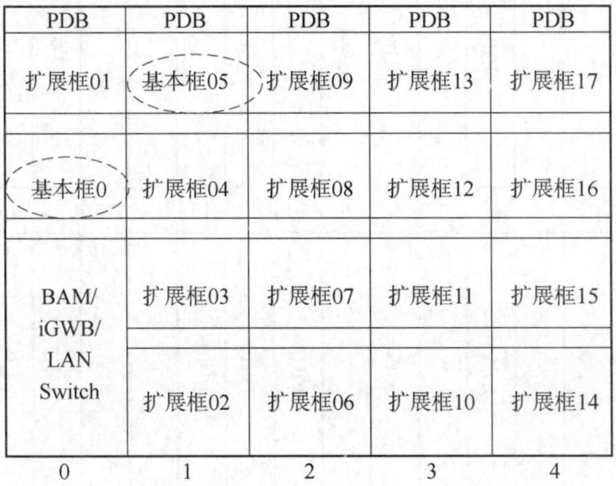

PDB	PDB	PDB	PDB	PDB
扩展框01	基本框05	扩展框09	扩展框13	扩展框17
基本框0	扩展框04	扩展框08	扩展框12	扩展框16
BAM/ iGWB/ LAN Switch	扩展框03	扩展框07	扩展框11	扩展框15
	扩展框02	扩展框06	扩展框10	扩展框14
0	1	2	3	4

图 2-3-1　SoftX3000 机柜安装图

2.3.3.2　SoftX3000 机框

机框的作用是将各种插入插框的单板通过背板组合起来构成一个独立的工作单元。

SoftX3000 采用华为 OSTA 平台作为硬件平台，该平台同时共享资源总线、以太网总线、H.110 总线和串口总线四种背板总线，通用性好，可靠性高，适用于软交换设备可变长数据包的交换和传输。

机框的类别有基本框 0（必配）、基本框 1（选配）、扩容框（选配）和媒体资源框（选配）四种。

基本框 0，对外提供时钟、E1、IP 等外部接口，单框可以完成完整的业务处理。

基本框 1，当等效用户容量大于 100 万用户数时，IFMI 板数将大于 2、CDBI 板数也大于 2 时配置，与基本框 0 的区别在于不能配置 CKII 板。

扩容框，必须与基本框 0 配合提供业务的处理功能。

媒体资源框，当等效用户容量少于 10 万用户时配置，实现 MRS 的功能。

SoftX3000 OSTA 机框设计为 21 个标准单板插槽的宽度，对应的槽位依次编号为 0～20，其中，前插板按照从左到右的顺序进行编号，后插板则按照从右到左的顺序进行编号（以保持与前插板的对应关系）。单板槽位分布如图 2-3-2 所示。

2.3.3.3　SoftX3000 单板

按照单板在机框的位置，SoftX3000 单板可分为前插板、后插板、上扣板、下扣板，如图 2-3-3 所示。

按照单板的功能，SoftX3000 的单板又可以分类为业务处理单板、控制管理单板、协议处理单板和接口单板。

业务处理单板，负责语音、多媒体等业务的处理，支持各种呼叫控制协议，如 FCCU 板。控制管理单板，对框内的单板和总线等资源进行管理，如 SMUI、HSCI 板。协议处理单

BFII	BFII	MRIA	MRIA		SIUI	HSCI	SIUI	HSCI										UPWR	UPWR	
0	1	2	3	4	5	6	7	8	9	10	11	12	13	14	15	16	17	18	19	20
IFMI	IFMI	MRCA	MRCA	FCCU	FCCU	SMUI		SMUI		CDBI	CDBI	BSGI		MSGI		ALUI		UPWR	UPWR	

图 2-3-2　SoftX3000 单板槽位分布图

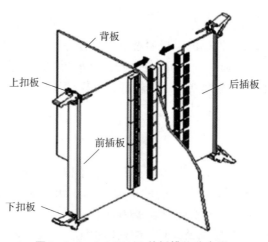

图 2-3-3　SoftX3000 单板槽位分布图

板，负责网络层、传输层、应用层多种协议数据处理和分发，如 BSGI、MSGI 板。接口单板，为前插板提供接口，如 BFII、MRIA 板。下面更详细地进行介绍。

接口单板：

提供各类物理接口，包括宽带接口单元 IP 转发板 IFMI（IP Forward Module）、IFMI 后插接口板 BFII（Back insert FE Interface Unit）和时钟单元 CKII（Clock Interface Unit）。

◇ BFII：IFMI 板的后插板，提供 1 个 FE，连接分组交换网，主备用。

◇ IFMI：完成 IP 包的收发，处理 MAC 层消息，主备用。

◇ CKII：提供 BITS、2 MHz 线路时钟接口，窄带组网需要，主备用。

系统支撑模块单板：

实现程序/数据的加载、设备管理维护及板间通信，包括系统管理板 SMUI（System Management Unit）、系统管理板后插接口板 SIUI（System Interface Unit）、热插拔控制单元

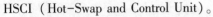

HSCI（Hot-Swap and Control Unit）。

◇ SMUI：主控板，固定在 6、8 槽位，与后插板 SIUI 成对使用，完成程序加载控制、数据配置、工作状态控制功能，主备用。

◇ SIUI：SMUI 的后插板，固定在 6、8 槽位，为 SMUI 提供以太网接口，主备用。

◇ HSCI：后插板，固定在 7、9 槽位，完成左右共享资源总线连接、单板热插拔控制、框内以太网总线交换等功能，对外提供 6 个 FE 口，主备用。

信令底层处理模块单板：

提供信令协议处理功能，包括宽带信令协议处理单元 BSGI（Broadband Signaling Gateway）和多媒体信令处理单元 MSGI（Multimedia Signaling Gateway）。

◇ BSGI：处理经过 IFMI 一级分发的 IP 包，主要进行 UDP、SCTP、M2UA、M3UA、V5UA、IUA、MGCP、H.248 等协议的处理，将消息二级分发到相应的 FCCU 板进行事务层/业务层处理，负荷分担工作方式。

◇ MSGI：处理经过 IFMI 一级分发的 IP 包，完成 UDP、TCP 和 H.323（H.323 RAS（Remote Access Server）、H.323 CALL Signalling）、SIP 多媒体协议的处理，将消息二级分发到相应的 FCCU 板进行事务层/业务层处理。主备工作方式。

业务处理模块单板：

包括呼叫控制单元 FCCU（Fixed Calling Control Unit）和数据库单元 CDBI（Central Database Board）。

◇ FCCU：完成 MTP3、ISUP、INAP、MGCP、H.248、H.323、SIP、R2、DSS1 等呼叫控制及协议的处理，计费、主机话单存储，主备用。

◇ CDBI：存储集中式的资源数据（局间中继资源、资源能力状态、用户数据、IP-Centrex 数据），为业务处理单元提供呼叫资源查询的服务，主备用。

媒体资源框单板：

包括媒体资源控制板 MRCA（Media Resource Control Unit）和媒体资源接口板 MRIA（Media Resource Interface Unit），每块 MRCA 单板作为独立的媒体资源服务器工作，负荷分担工作方式。

◇ MRCA：与后插板 MRIA 成对使用，对各种音频信号进行实时处理，收集和生成 DTMF 信号，播放和录制语音片，提供多方会议。

◇ MRIA：MRCA 的后插板，提供 2 个 FE，为外部媒体流提供以太网接入通道。

单板槽位关系见表 2-3-1。

表 2-3-1　SoftX3000 单板槽位关系

单板	所属框	单板位置	前后对插关系
FCCU	基本框、扩展框	前插板（0~5、10~15 槽位）	无
IFMI	基本框	前插板（0~5、10~15 槽位）	成对使用
BFII	基本框	后插板	
SMUI	基本框、扩展框	前插板（6、8 槽位）	成对使用
SIUI	基本框、扩展框	后插板（6、8 槽位）	

续表

单板	所属框	单板位置	前后对插关系
MRCA	媒体资源框	前插板（0~5、10~15 槽位）	成对使用
MRIA	媒体资源框	后插板	
BSGI	基本框、扩展框	前插板（0~5、10~15 槽位）	无
MSGI	基本框、扩展框	前插板（0~5、10~15 槽位）	无
CDBI	基本框	前插板（0~5、10~15 槽位）	无
ALUI	基本框、扩展框	前插板（16 槽位）	无
UPWR	基本框、扩展框	前、后插板（17、18、19、20）槽位	无
HSCI	基本框、扩展框	后插板（7、9 槽位）	无

单板的模块号根据单板的类型，从 2 开始编号，每块单板（主备用单板看成是一块单板，并具有相同的模块号）具有唯一的模块编号，其编号规则为：

SMUI 板的模块号：2~21（系统自动分配）；

FCCU 板的模块号：22~101；

CDBI 板的模块号：102~131；

IFMI 板的模块号：从 132 递增至 135；

BSGI 板的模块号：从 136 递增至 211；

MSGI 板的模块号：从 211 递减至 136；

MRCA 板的模块号：从 212 递增至 247。

注意：BSGI 板和 MSGI 板模块号的范围是重叠的，在手工配置模块号时，BSGI 板的模块号从 136 开始分配，依次递增；MSGI 板的模块号从 211 开始分配，依次递减。

SoftX3000 单板的工作方式主要有两种：主备方式和负荷分担方式。

主备方式：单板成对工作，分为主板和备板。主备板通常安放在相邻的槽位。正常情况下，主板工作，备板待命。如果主板出现故障，则进行主备倒换，由备板接替主板的任务，有效地提高了系统的可靠性。SoftX3000 大部分的单板都工作在主备方式，BSGI 板和 MRCA 板除外。

负荷分担方式：单板成对工作，但是不分主次关系，负荷分担方式的单板通常安放在相邻的槽位。正常情况下，所有负荷分担方式的单板同时工作，按照一定的规则进行任务的派发和处理。当某块单板出现故障时，其余负荷分担的单板会接替它的工作，这种方式不仅提高了系统的可靠性，还提高了系统单板资源的利用率。SoftX3000 系统中，只有 BSGI 板和 MRCA 板工作在负荷分担的方式。

SoftX3000 单板的工作状态主要有四种：单板加载、故障、告警、正常。无论是在开局还是在日常维护中，单板的状态都是需要关注的信息。

单板的状态可以通过以下两种方式获得：

◇ 网管界面查看：可以通过命令行界面或者是 GUI 界面操作来查看单板的信息。

◇ 单板的指示灯：前插板上都有单板状态的指示灯。标识 ALM 的是故障指示灯。

单板面板指示灯含义见表 2-3-2。

表 2-3-3 总结了各单板功能。

表 2-3-2　单板面板指示灯含义

标识	含义	状态说明
ALM	故障指示灯	当此灯亮时，表明此板复位或此板发生故障
RUN	运行指示灯	加载程序闪烁周期：0.25 s 主用板正常运行闪烁周期：2 s 备用板正常运行闪烁周期：4 s
OFFLINE	插拔指示灯	在单板插入插框过程中，蓝灯亮时，表示单板已经和背板接触，可以扳动拉手条上下的扳手，使单板完全插入系统背板； 当需要拔出单板时，扳动拉手条上下的扳手，蓝灯亮，此时才允许单板拔出

表 2-3-3　各单板功能

名称	功能
SMUI	机框中所有单板进行管理并反馈给后台，完成系统程序、数据加载和管理功能，主备用工作方式
SIUI	为 SMUI 板提供以太网接口，通过拨码开关的设置，实现框号识别功能
IFMI	完成 IP 包的收发并具有处理 MAC 层消息、IP 消息分发功能，主备用工作方式
BFII	IFMI 板的后插接口板
HSCI	完成框内以太网总线的交换、单板热插拔的控制等，主备用工作方式
FCCU	主要完成呼叫控制及协议的处理，生成话单，主备用工作方式
CDBI	设备核心数据库，CDBI 板存储了所有呼叫定位、网关资源管理、出局中继选路等数据，主备工作方式
BSGI	主要进行 UDP、SCTP、M2UA、M3UA、V5UA、IUA、MGCP、H.248 等协议的处理，负荷分担工作方式
MSGI	UDP、TCP 和 H.323 的 RAS、H.323 CALL Signalling、SIP 多媒体协议的处理，主备用工作方式
MRCA	收集和生成 DTMF（Dual Tone Multi Frequency，双音多频）信号、播放和录制语音片、提供多方会议功能等，负荷分担工作方式
MRIA	MRCA 板的后插单板，为媒体流提供 10/100 Mb/s 接口
ALUI	上报电源、机箱温度的状态，接受 SMUI 板的指示控制指示灯状态
UPWR	为单元框内所有单板提供直流电源，2+2 备份工作方式

SoftX3000 作为软交换设备，负责呼叫控制、协议处理等功能，不同的协议由不同的单板负责处理。FCCU/BSGI/MSGI 板负责处理的协议栈如图 2-3-4 所示。

基本的电话业务在 SoftX3000 中的处理路径如图 2-3-5 所示。业务处理消息路径如图 2-3-6所示。

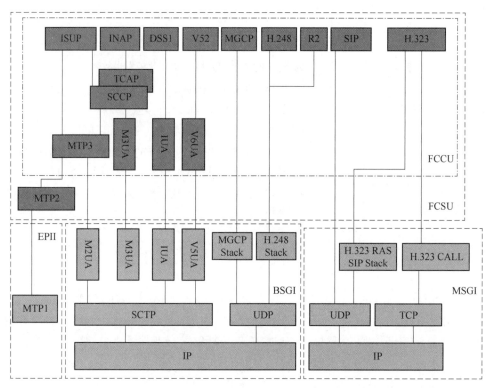

图 2-3-4　FCCU/BSGI/MSGI 板处理的协议栈

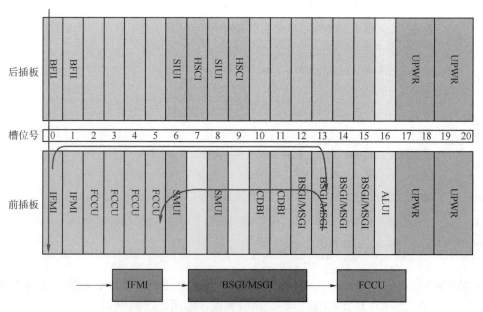

图 2-3-5　SoftX3000 基本电话业务处理路径

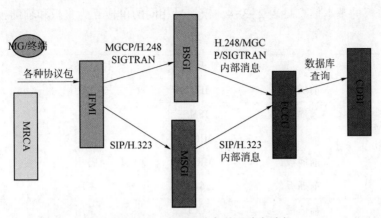

图 2-3-6　SoftX3000 业务处理消息路径

2.3.4　任务实施

2.3.4.1　工作步骤

（1）按照配置练习的步骤，完成硬件规划数据的配置练习。

（2）根据实操任务的数据规划，完成硬件配置任务。

（3）按照调测指导的方法，完成任务的调测。

2.3.4.2　硬件数据规划

硬件数据规划需要规划好主要单板的框号、槽号以及模块号。下面是练习的规划数据。

（1）配置一个机架：机架号 1，场地号 0，机架的行号 0、列号 0。该机架上配置一个基本框 0，它位于 2 号框位置，其设备配置面板图如图 2-3-7 所示。

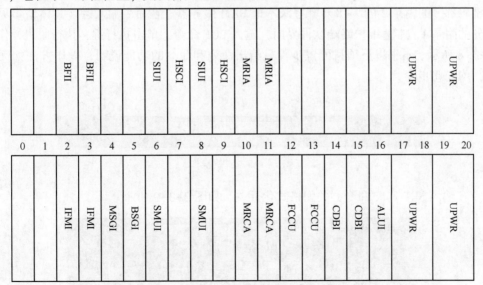

图 2-3-7　SoftX3000 的设备配置面板图

51

（2）各单板的基本信息见表2-3-4，模块号相同的单板互为主板和辅助板。

表2-3-4　各单板的基本信息

框号/槽位	单板位置	单板类型	主备用标志	单板模块号
0/2	前插板	IFMI	主用	134
0/3	前插板	IFMI	主用	135
0/10	前插板	MRCA	主用	230
0/11	前插板	MRCA	备用	230
0/12	前插板	FCCU	主用	30
0/13	前插板	FCCU	备用	30
0/14	前插板	CDBI	主用	130
0/15	前插板	CDBI	备用	130
0/5	前插板	BSGI	独立运行	140
0/4	前插板	MSGI	主用	200

（3）FE端口的IP地址为192.168.2.5/255.255.255.0，网关为192.168.2.1，以太网配置100M，全双工，ARP探测。

（4）增加中央数据库功能，选以下项：LOC、TK、MGWR、BWLIST、IPN、DISP、SP-DNC、RACF、UC、KS、PRESEL。

2.3.4.3　配置练习

介绍配置中各命令及相关参数。

1. 执行脱机操作

（1）打开华为LMT软件，登录BAM服务器。如果具备e-Bridge软件实验环境，则按照二维码部分的附录2的1~8步骤登录本地BAM服务器。在命令输入栏（具体请参见二维码部分的附录1，本地维护终端软件界面）输入LOF命令，单击执行键，执行脱机操作，如图2-3-8所示。本书以下项目配置步骤只给出命令和命令的功能说明，操作方法如无特殊说明，均同此步骤。

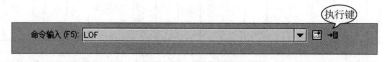

图2-3-8　脱机操作

（2）输入SET FMT命令，关闭格式化开关，如图2-3-9所示。

图2-3-9　关闭格式化开关

2. 配置硬件数据

（1）输入 ADD SHF 命令，增加机架，机架号为 1，如图 2-3-10 所示。

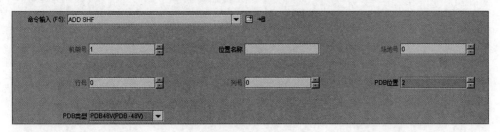

图 2-3-10　增加机柜

说明：

由于本实例中的综合机柜只配置一个基本框，而基本框的框号固定为 2，因此，命令中的"PDB location"参数只能设为 2，即该机架的 PDB（配电盒）由基本框控制。

（2）输入 ADD FRM 命令，增加机框，机框号为 0，在机架中的位置号为 2，如图 2-3-11所示。

图 2-3-11　增加机框

说明：

对于综合配置机柜中的基本框而言，其机框号固定为 0，在机架中的位置号固定为 2。

（3）输入 ADD BRD 命令，增加单板，共添加 7 块单板。只需要添加主板，如果该主板没有辅助单板（辅助单板），则"互助槽位号"填 255，否则，填其辅助单板的槽位号。如图 2-3-12~图 2-3-18 所示。

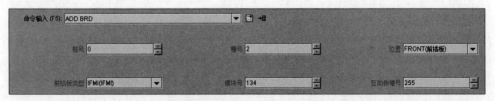

图 2-3-12　增加单板 IFMI，模块号 134

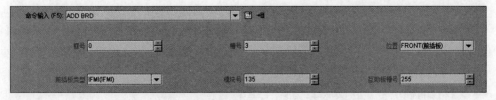

图 2-3-13　增加单板 IFMI，模块号 135

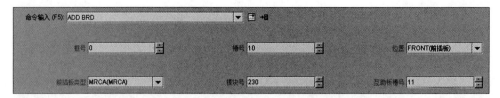

图 2-3-14　增加 MRCA 板

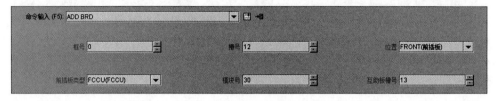

图 2-3-15　增加 FCCU 板

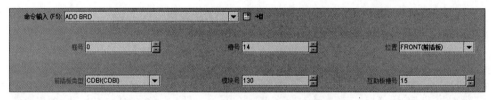

图 2-3-16　增加 CDBI 板

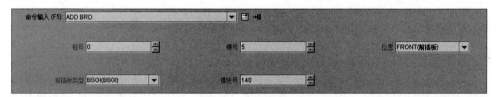

图 2-3-17　增加 BSGI 板

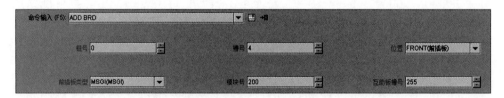

图 2-3-18　增加 MSGI 板

 说明：

• 非主备板，互助槽位号为 255。主备板模块号相同，仅添加主板，互助槽位号填备板的槽位号。

• SMUI 板的模块号：建议从 2 递增至 21。

• FCCU 板的模块号：建议从 22 递增至 101。

• CDBI 板的模块号：建议从 102 递增至 131。

- IFMI 板的模块号：建议从 132 递增至 135。
- BSGI 板的模块号：建议从 136 递增至 211。
- MSGI 板的模块号：建议从 211 递减至 136。
- MRCA 板的模块号：建议从 212 递增至 247。
- BSGI 板一般配置为负荷分担的方式，即一块单板配置一个模块号，因此，命令中的 "Assistant slot number" 参数必须设为 255。
- 需要指出的是，SoftX3000 也支持 BSGI 板工作在主备用方式，但由于 BSGI 板不运行 Q.931 协议（呼叫处理适配软件模块），不需要保存已建立连接的呼叫信息，因此，也就没有必要配置为主备用方式。为提高设备资源的利用率，一般建议将 BSGI 板配置为负荷分担方式。

（4）输入 ADD FECFG 命令，增加 IFMI FE 端口配置，默认网关地址为路由器设备的 IP 地址，如图 2-3-19 所示。

图 2-3-19　增加 IFMI FE 端口

📖 说明：

- 操作员必须正确配置 FE 端口的默认路由器（网关）的 IP 地址，否则，SoftX3000 将无法与各 IP 设备正常通信。
- FE 端口的以太网属性必须配置为 100M 强制全双工。同时，与 SoftX3000 的 FE 端口相连的 LAN Switch 的端口也必须配置为 100M 强制全双工。

（5）输入 ADD CDBFUNC 命令，增加中央数据库功能 LOC、TK、MGWR、BWLIST、IPN、DISP、SPDNC、RACF、UC、KS、PRESEL，如图 2-3-20 所示。

图 2-3-20　增加中央数据库功能

 说明：

当系统配置 2 对 CDBI 板时，按负荷分担的原则在两组 CDBI 板之间分配数据库功能。如果仅有 1 对 CDBI 板，需为其配置所有的数据库功能。

3. 执行联机操作

（1）输入 SET FMT 命令，打开格式化开关，如图 2-3-21 所示。

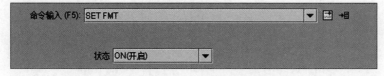

图 2-3-21　打开格式化开关

（2）输入 LON 命令，联机，如图 2-3-22 所示。

图 2-3-22　联机

2.3.4.4　实操任务

请根据如下数据规划，完成硬件数据的配置，并根据调测指导进行验证。

（1）配置一个机架：机架号 0，场地号 0，机架的行号 2、列号 3。

（2）该机架上配置一个基本框，框号：0，位置号：2，其设备配置面板图如图 2-3-23 所示。

（3）各主要单板的基本信息见表 2-3-5。

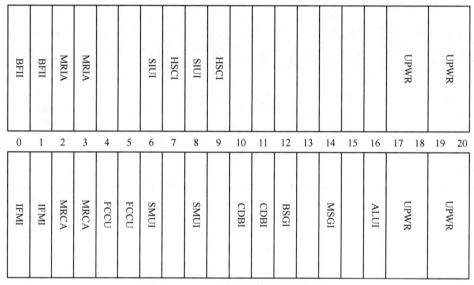

图 2-3-23　任务的设备配置面板图

表 2-3-5　任务的主要单板信息

框号/槽位	单板位置	单板类型	主备用标志	单板模块号
0/0	前插板	IFMI	主用	132
0/1	前插板	IFMI	主用	133
0/2	前插板	MRCA	主用	212
0/3	前插板	MRCA	备用	212
0/4	前插板	FCCU	主用	22
0/5	前插板	FCCU	备用	22
0/10	前插板	CDBI	主用	102
0/11	前插板	CDBI	备用	102
0/12	前插板	BSGI	独立运行	136
0/14	前插板	MSGI	主用	211

（4）FE 端口的 IP 地址为 10.26.102.13/255.255.255.0，网关为 10.26.102.1，以太网配置 100M，全双工，ARP 探测。

（5）增加中央数据库功能，选以下项：LOC、TK、MGWR、BWLIST、IPN、DISP、SP-DNC、RACF、UC、KS、PRESEL。

2.3.4.5　调测指导

下面介绍调测方法和操作步骤。

（1）按照二维码部分的附录 2 第 10 步说明进行数据加载。加载完成后，通过华为 LMT 软件登录 SOFTX3000 BAM 服务器查看目前设备运行状态。注意，此时不能选择 LOCAL 局向，如图 2-3-24 所示。

图 2-3-24　登录 BAM 服务器

（2）检查单板运行状态。

（3）在 LMT 软件上执行命令 DSP FRM，输入框号，确认各单板的运行状态，如图 2-3-25 所示。单板运行状态结果显示如图 2-3-26 所示；或者在"设备面板"页签打开"设备管理"，查看机框的单板运行状态，前面板的运行状态如图 2-3-27 所示。

图 2-3-25　查看单板运行状态

 说明：

SoftX3000 用不同的颜色来代表单板的运行状态，各主要颜色的含义是：

- 绿色：单板运行正常且单板处于主用状态。
- 蓝色：单板运行正常且单板处于备用状态。
- 红色：单板故障。
- 灰色：此槽位的单板未配置。

（4）校验单板前后台数据的一致性。请在 SoftX3000 的客户端中执行 STR CRC 命令对单板的数据进行 CRC 校验，如果校验不成功，请复位该板，使其重新加载。

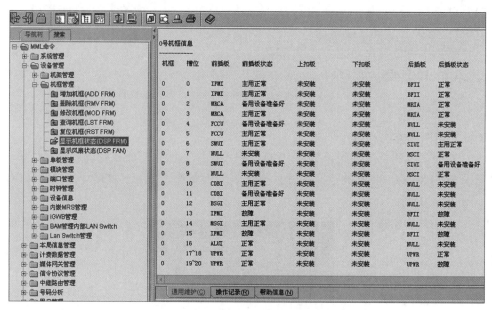

图 2-3-26　单板运行状态

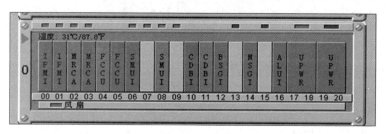

图 2-3-27　前面板的运行状态（前面板）

说明：

一般来说，只有上述三个条件同时满足，即单板状态正常、版本配套、前后台数据校验一致时，才可以认为 SoftX3000 可以正常运行。

2.3.5　任务验收

请填写工作任务单，见表 2-3-6。

表 2-3-6　工作任务单

工作任务			
小组名称		工作成员	
工作时间		完成总时长	

续表

工作任务描述		

	姓名	工作任务		
小组分工				

任务执行结果记录			
序号	工作内容	完成情况	操作员
1			
2			
3			
4			

任务实施过程记录

任务评价表见表 2-3-7。

表 2-3-7　任务评价表

评价类型	赋分	序号	具体指标	分值	得分		
					自评	组评	师评
职业能力	65	1	说出至少 3 种 SoftX3000 单板的类别及其主要功能正确	10			
		2	硬件数据配置内容完备、正确，数据加载后，各单板运行正常，无告警	45			
		3	陈述项目完成的思路、经过和遇到的问题，表达清晰	10			
职业素养	20	1	坚持出勤，遵守纪律	5			
		2	协作互助，解决难点	5			
		3	按照标准规范操作	5			
		4	持续改进优化	5			
劳动素养	15	1	按时完成，认真填写记录	5			
		2	保持工位卫生、整洁、有序	5			
		3	小组分工合理	5			

2.3.6　回顾与总结

总结反馈表见表 2-3-8。

表 2-3-8　总结反馈表

总结反思	
目标达成：知识□□□□□　能力□□□□□　素养□□□□□	
学习收获：	老师寄语：
问题反思：	签字：＿＿＿＿＿＿

问题与讨论：

（1）SoftX3000 的机框号如何确定？

（2）请描述 MGCP 协议在 SoftX3000 内部所经单板的处理路径。

（3）SMUI 单板的主要功能是什么？它可以被放置在哪些机框中？

（4）机框的功能是什么？机框有哪些类型？

（5）FCCU 板可以处理哪些类型的协议？

（6）单板有几种工作方式？请举例说明 SoftX3000 设备单板的工作方式。

（7）请说出 SoftX3000 的机柜、机框的类别。

任务 2.4　SoftX3000 本局和计费数据配置

2.4.1　任务描述

本局和计费数据配置是 SoftX3000 设备基本数据配置中的重要组成部分。本任务提供 SoftX3000 本局和计费的数据规划与配置指导，并给出工作任务，让读者在工程项目中"做中学"，掌握本局和计费数据配置技能，加强对软交换设备本局和计费相关知识的理解与应用能力。

本任务的具体要求是：

（1）根据本局、计费数据规划，通过华为 LMT 软件，完成 SoftX3000 设备的本局、计费配置。

（2）验证本局和计费配置。

2.4.2　学习目标和实验器材

学习完该任务，您将能够：

（1）进一步熟练华为 LMT 本地维护终端软件和 e-Bridge 软件的操作方法。

（2）掌握 SoftX3000 本局和计费数据配置的流程、命令，知晓相关注意事项。

（3）根据数据规划，完成 SoftX3000 设备的本局、计费数据配置和调测。

实验器材：SoftX3000 设备、BAM 服务器、二层交换机、三层交换机、UA5000 接入媒体网关、模拟话机、华为 LMT 本地维护终端软件、e-Bridge 软件、计算机等。

2.4.3　知识准备

2.4.3.1　本局知识

1. 固定电话号码位数与网络规模

号码的长度不同，网络的规模大小也不一样。号码位数越多，网络规模也就是网络所能够容纳的电话用户数越多。但是号码位数变大了，所占用电信网络硬件资源也会相应增加。网络规模 C 和号码位数 N 的关系为 $C=10^N×70\%$。

"0"不能作为首位号码，"0"是我国长途电话字冠；首位号"1"是特别服务号码，不能用作用户号码。我国规定了以"95"开头的 5 位长的短号码供企业使用，作为客服号码。以"400""800"开始的号码已经被划分给企业的呼叫中心使用，不能作为用户号码。

本地电话号码的格式为局号+用户号码，无论号码是 7 位还是 8 位，用户号码固定 4 位，剩下来的为局号。国内长途电话号码格式为国内长途字冠（0）+区号+本地电话号码。

2. 数图（DigitMap）

数图，即号码采集规则描述符，它是驻留在媒体网关内的拨号方案，用于检测和报告终端接收的拨号事件。

在电话呼叫流程中，交换机需要获得用户拨打的被叫号码，这个操作称为收号。在程控交换网络中，收号工作由程控交换机完成。到了 NGN 软交换系统，电话终端并不与软交换设备直接相连，而是连接到媒体网关上。用户拨号后，媒体网关需要把号码上报至软交换设备上。

为了提高效率，媒体网关在上报用户拨打的号码时，最好是将号码先存放在一个缓冲器中，全部收齐后再通过一个消息发出去。但是媒体网关并不清楚用户拨号什么时候结束，固定电话上也没有 CALL 键，解决办法就是数图（DigitMap）。

当终端用户所拨的被叫号码符合 DigitMap 所定义的拨号方案之一时，媒体网关将此被叫号码用一个消息集中发送；否则，媒体网关将直接释放本次呼叫，并向终端用户送忙音。

数图在媒体网关注册时，由 SoftX3000 设备发送给媒体网关。

在 SoftX3000 设备上，H.248 协议的默认数图为[2-8]××××××|13×××××××××|0×××××××××|9××××|1[0124-9]×|E|F|×.F|[0-9].L。MGCP 协议的默认数图为 [2-8]×××××××|13×××××××××|0×××××××××|9××××|1 [0124-9]×|*|#|×.#|[0-9*#].T。

其中，[2-8]××××××用来匹配 2~8 开头的八位电话号码；13×××××××××用来匹配 13 开头的 11 位移动电话号码；0×××××××××用来匹配国内长途号码；9××××用来匹配 9 开头的诸如 95595 之类的业务号码；1[0124-9]×用来匹配 110 之类的特服号码；×.F 用来匹配以#号结束的补充业务接入码。×表示 0~9 数字。

3. 号首集

全局号首集用于标识不同的网络。SoftX3000 支持公网与专网混合应用的模式，即支持将一个交换局在逻辑上划分为公网与专网的应用，一个全局号首集代表一个公网或一个专网。

本地号首集用于在一个全局号首内标识不同的本地网。例如，SoftX3000 支持多区号、多国家码的应用，即支持将一个交换局在逻辑上划分为几个本地网的应用，一个本地号首集代表一个本地网，对应一个地区号和一个国家码。

4. 呼叫源

呼叫源是指发起呼叫的一类用户或一类入中继用户。呼叫源是以主叫用户的属性来区分的。呼叫源属性和分类如图 2-4-1 所示。

不同的呼叫源对预收号码位数的设置不同，比如居民用户预收号码位数为 3，而企业用户因为加入了 Centrex 群，预收号码位数为 1。

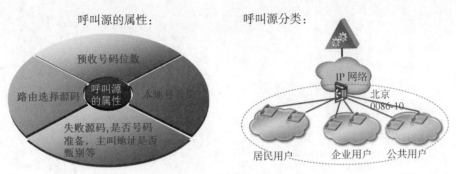

图 2-4-1　呼叫源属性和分类

不同的呼叫源对失败处理的方式也可以不同，居民用户呼叫失败为忙音，而商业用户呼叫失败可以转话务员。

号首集和呼叫源的关系如图 2-4-2 所示。

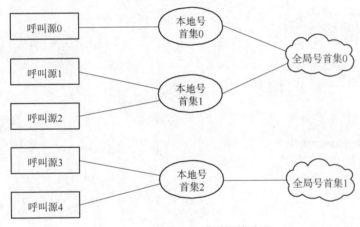

图 2-4-2　号首集和呼叫源的关系

5. 呼叫字冠

呼叫字冠是被叫号码的前缀，是被叫号码中从第一位开始且连续的一串号码，它既可以是被叫号码的前一位或前几位号码，也可以是被叫号码的全部号码。例如，对被叫用户 83808276 而言，其呼叫字冠可以定义为以下任何形式。字冠为前一位号码：8，字冠为前四位号码：8380（局号），字冠为全部被叫号码：83808276（亲情号码）。交换局中添加的呼叫字冠示例如图 2-4-3 所示。

所有呼叫字冠的集合组成了系统的被叫号码分析表，如果在同一张被叫号码分析表中同时存在上述几条呼叫字冠记录，则系统在进行被叫号码分析时，将按照最大匹配的原则进行分析。例如，当被叫号码为"83808276"，系统同时配置了呼叫字冠 8、83 和 83808276 时，则根据最大匹配的原则，系统将选择呼叫字冠"83808276"作为号码分析的结果。

呼叫字冠属性中定义了对应的路由和计费方案编码，即路由选择码和计费选择码。

呼叫字冠与号首集间的关系如图 2-4-4 所示。

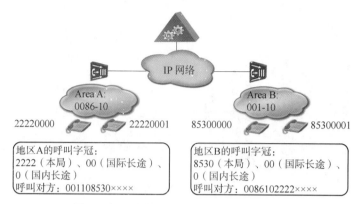

图 2-4-3　交换局中添加的呼叫字冠示例

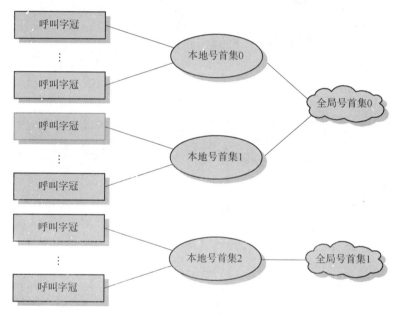

图 2-4-4　呼叫字冠与号首集间的关系

2.4.3.2　计费知识

1. 计费情况

计费情况是对一类呼叫人为规定的计费处理方式的集合，这些计费处理方式包括以下内容：

计费局信息：集中计费，或非集中计费（由主叫用户所在局计费）。

付费方信息：免费，主叫付费，或被叫付费，或第三方付费（银行账号等）。

计费方法：即呼叫记录方式，有分计次表，详细话单等。详细话单要求设置计费制式，即脉冲计次方式，即设置每隔多少秒跳一次表或发送一个脉冲，还包括折扣信息，支持在不同的时间段实行不同种费率优惠政策。

2. 计费源码

计费源码又称计费分组，是为主叫的本局用户或中继群分配的一组用于标识计费属性的

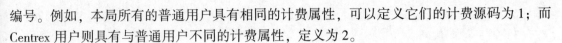

编号。例如，本局所有的普通用户具有相同的计费属性，可以定义它们的计费源码为 1；而 Centrex 用户则具有与普通用户不同的计费属性，定义为 2。

3. 计费方式

计费方式主要有本局分组计费、目的码计费、被叫分组计费、Centrex 群内计费、补充业务计费、中继计费等。

目的码计费：由计费源码与计费选择码组合，组成一个目的码计费条目，对应一种计费情况。

计费选择码是按被叫用户群定义的编码，在配置呼叫字冠时引用。号码分析时，根据该呼叫字冠引用的计费选择码和主叫用户的计费源码，找到对应的目的码计费条目，从而知道当前通话应采取的计费情况。

软交换设备作为语音和多媒体通信的呼叫控制设备，要完成路由和计费两大功能。呼叫建立过程中的路由功能和整个通话过程的计费功能都要通过号码分析完成，获得路由局向和计费情况，如图 2-4-5 所示。

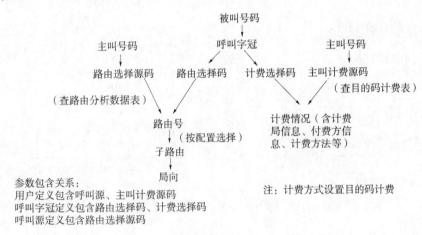

图 2-4-5 路由和计费相关的号码分析过程

2.4.4 任务实施

2.4.4.1 工作步骤

（1）根据配置练习的步骤，练习本局和计费数据的配置方法。

（2）根据实验任务的数据规划内容，完成本局与计费数据配置。

（3）按照调测指导，完成任务调测。

2.4.4.2 本局和计费数据规划

本局和计费数据规划包括本局的信令点编码、本地号首集、用户号码、计费情况、计费源码和计费方式等。下面是练习的规划数据。

（1）本局信令点编码：采用国内网编码 123456，国内网，长市农合一局，时区索引 0。

（2）本地号首集 5：国家码 86，国内长途区号 29。

（3）呼叫源码规划：

呼叫源码 12：预收号位数为 3，本地号首集 5，路由选择源码 12，失败源码 12。

呼叫源码 25：预收号位数为 1，本地号首集 5，路由选择源码 25，失败源码 25。

呼叫源码 50：预收号位数为 3，本地号首集 5，路由选择源码 50，失败源码 50。

呼叫源码 64：预收号位数为 3，本地号首集 5，路由选择源码 64，失败源码 64。

（4）计费情况规划：

计费情况：10，无 CRG 计费，集中计费，主叫付费，详细话单。

（5）计费方式规划：

采用目的码计费方式，所有业务，所有话单类型，所有编码类型。具体规划见表2-4-1。

表 2-4-1　目的码计费索引表

呼叫关系	主叫方计费源码	计费选择码	计费情况
本局用户间互拨	12	12	10
下级局入中继呼叫本局用户	50	12	10
本局用户呼叫下级局入中继	12	50	10
同级局入中继呼叫本局用户	64	12	10
本局用户呼叫同级局入中继	12	64	10

（6）呼叫字冠规划：

8530：本局字冠，指定路由选择码 65535，计费选择码 12。最小号长 8，最大号长 8，本局，基本业务。

2.4.4.3　配置练习

介绍配置中各命令及相关参数。

1. 执行脱机操作

（1）脱机，同 2.3.4.1 节 1（1）。

（2）关闭格式化开关，同 2.3.4.1 节 1（2）。

2. 配置硬件数据

因为是上个任务的内容，这里采用脚本的方式，用批处理方法执行（图 2-4-6）。硬件数据配置脚本请见二维码部分的附录 3。

3. 配置本局数据

（1）输入 SET OFI 命令，设置本局信息，本局信令点编码为 123456（国内网），时区索引 0，如图 2-4-7 所示。

（2）输入 ADD DMAP 命令，增加数图。

H.248 协议数图：[2-8]××××× | 13×××××××× | 0×××××××× | 9×××× | 1[0124-9]× | E | F | ×.F[0-9].L，如图 2-4-8 所示。

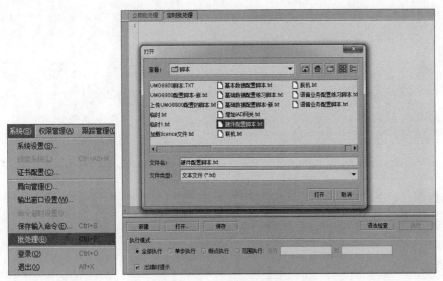

图 2-4-6　批处理执行脚本

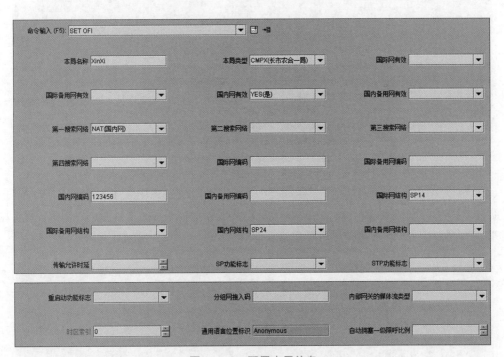

图 2-4-7　配置本局信息

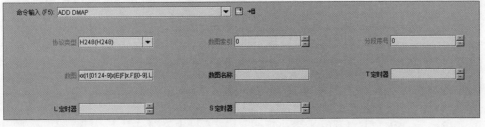

图 2-4-8　增加 H. 248 协议数图

MGCP 协议数图：[2-8]×××××|13×××××××××|0×××××××××|9××××|1[0124-9]×|＊|#|×.#|[0-9＊#].T，如图 2-4-9 所示。

图 2-4-9　增加 MGCP 协议数图

说明：

数图是号码采集规则描述符，它是驻留在媒体网关内的拨号方案，用于检测和报告终端的拨号事件。

（3）输入 ADD LDNSET 命令，增加本地号首集，如图 2-4-10 所示。

图 2-4-10　增加本地号首集

（4）输入 ADD CALLSRC 命令，增加呼叫源。呼叫源码 12 用于本局普通用户，其预收号位数为 3；呼叫源码 25 用于 Centrex 用户，其预收号位数为 1；呼叫源码 50 用于下级局入中继群；呼叫源码 64 用于同级局入中继群。如图 2-4-11~图 2-4-14 所示。

图 2-4-11　增加呼叫源码 12

图 2-4-12   增加呼叫源码 25

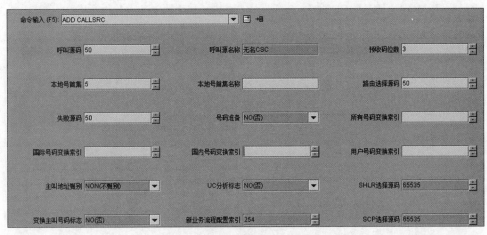

图 2-4-13   增加呼叫源码 50

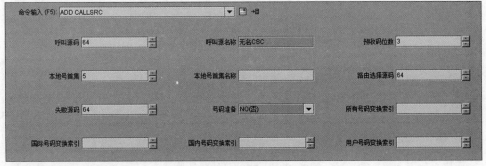

图 2-4-14   增加呼叫源码 64

 说明：

• 普通用户的预收号码位数通常设为 3，Centrex 用户的预收号码位数通常设为 1。

• 在需要将用户和中继呼叫源码分开时，用户呼叫源码设为 0~49，中继呼叫源码设为 50~99（纯中继的局，呼叫源码可以从 0 开始）。

4. 配置计费数据

(1) 输入 ADD CHGANA 命令，增加计费情况 10，采用详细话单计费方法，如图 2-4-15 所示。

图 2-4-15　增加计费情况

(2) 输入 MOD CHGMODE 命令，修改计费制式，如图 2-4-16 所示。

图 2-4-16　修改计费制式

(3) 输入 ADD CHGIDX 命令，增加目的码计费索引，如图 2-4-17~图 2-4-21 所示。

图 2-4-17　增加目的码计费-1

图 2-4-18　增加目的码计费-2

图 2-4-19　增加目的码计费-3

图 2-4-20　增加目的码计费-4

图 2-4-21　增加目的码计费-5

 说明：

● 目的码计费以"计费选择码"与"主叫方计费源码"为主要判据的计费方式，用于本局用户（或入中继）在发起呼叫时的计费。

5. 配置呼叫字冠

输入 ADD CNACLD 命令，增加呼叫字冠，如图 2-4-22 所示。

图 2-4-22　增加呼叫字冠

说明：

● 为确保系统计费的可靠性，操作员必须为每一个呼叫字冠配置一个有效的计费选择码，此处为 12。

6. 执行联机操作

（1）打开格式化开关，同 2.3.4.3 节 3（1）。

（2）联机，同 2.3.4.3 节 3（2）。

2.4.4.4　实操任务

请根据如下本局和计费数据的规划，完成本局和计费数据的配置，并根据调测指导，进行业务验证。

（1）本局信令点编码：采用国内网编码 333333，国内网，长市农合一局，时区索引 0。

（2）本地号首集 0：国家码 86，国内长途区号 10。

（3）呼叫源码规划：

呼叫源码 1：预收号位数 3，本地号首集 0，路由选择源码 1，失败源码 1。

呼叫源码 2：预收号位数 1，本地号首集 0，路由选择源码 2，失败源码 2。

呼叫源码 62：预收号位数 3，本地号首集 0，路由选择源码 62，失败源码 62。

呼叫源码 64：预收号位数 3，本地号首集 0，路由选择源码 64，失败源码 64。

（4）计费情况规划：

计费情况：0，无 CRG 计费，集中计费，主叫付费，详细话单。

（5）计费方式规划：

采用目的码计费方式，所有业务，所有话单类型，所有编码类型。具体规划见表2-4-2。

表 2-4-2　任务的目的码计费表

呼叫关系	主叫方计费源码	计费选择码	计费情况
本局用户间互拨	1	1	0
下级局入中继呼叫本局用户	62	1	0
本局用户呼叫下级局入中继	1	62	0
同级局入中继呼叫本局用户	64	1	0
本局用户呼叫同级局入中继	1	64	0

（6）呼叫字冠规划：

6666：本局字冠，指定路由选择码 65535，计费选择码 1。最小号长 8，最大号长 8，本局，基本业务。

2.4.4.5　调测指导

下面介绍调测方法和操作步骤。

（1）请将下面脚本拷贝至执行框内执行。

```
LOF:;
SET FMT:STS=OFF;
ADD MGW:EID="192.168.3.15:2944",GWTP=AG,MGCMODULENO=22,PTYPE=H248,LA="10.26.102.13",RA1="192.168.3.15",RP=2944,LISTOFCODEC=PCMA-1&PCMU-1&G7231-1&G729-1&T38-1,ET=NO,SUPROOTPKG=NS,MGWFCFLAG=FALSE;
ADB VSBR:SD=K'66660040,ED=K'66660041,LP=0,DID=ESL,MN=22,EID="192.168.3.15:2944",STID="0",RCHS=1,CSC=1,UTP=NRM,ICR=LCO-1&LC-1&LCT-1&NTT-1,OCR=LCO-1&LC-1&LCT-1&NTT-1,NS=CLIP-1,CNTRX=NO,PBX=NO,CHG=NO,ENH=NO;
ADD CNACLD:LP=0,PFX=K'6666,CSTP=BASE,MINL=8,MAXL=8,CHSC=1,EA=NO;
SET FMT:STS=ON;
LON:;
```

（2）请用 66660040 电话拨打 66660041 电话，或者反之，看能否相互拨通。

2.4.5　任务验收

请填写工作任务单，见表 2-4-3。

表 2-4-3　工作任务单

工作任务					
小组名称			工作成员		
工作时间			完成总时长		
工作任务描述					
小组分工	姓名	工作任务			
任务执行结果记录					
序号	工作内容			完成情况	操作员
1					
2					
3					
4					
任务实施过程记录					

任务评价表见表2-4-4。

表 2-4-4　任务评价表

评价类型	赋分	序号	具体指标	分值	得分		
					自评	组评	师评
职业能力	65	1	正确说出路由和计费相关的号码分析过程	15			
		2	按照调测方法，本局用户电话互拨正常，无告警	45			
		3	陈述项目完成的思路、经过和遇到的问题，表达清晰	5			
职业素养	20	1	坚持出勤，遵守纪律	5			
		2	协作互助，解决难点	5			
		3	按照标准规范操作	5			
		4	持续改进优化	5			
劳动素养	15	1	按时完成，认真填写记录	5			
		2	保持工位卫生、整洁、有序	5			
		3	小组分工合理	5			

2.4.6　回顾与总结

总结反馈表见表2-4-5。

表 2-4-5　总结反馈表

总结反思	
目标达成：知识□□□□□　能力□□□□□　素养□□□□□	
学习收获：	老师寄语：
问题反思：	签字：_____

问题与讨论：

（1）呼叫字冠是否必须配？起什么作用？

（2）路由选择源码和路由选择码的区别是什么？

（3）计费源码和计费选择码的区别是什么？

（4）请说出呼叫字冠、呼叫源、号首集的概念和用途。

项目 3

局内基本业务开通

项目介绍

本项目围绕 NGN 软交换系统的五种基础、典型的局内业务，介绍它们的组网、业务开通与调测方法。本项目分为六个子任务：语音业务开通（IAD 接入），语音业务开通（AMG接入），多媒体业务开通，IP-Centrex 业务开通，SoftX3000 局内国内、国际长途业务开通，呼叫中心业务开通。

知识图谱

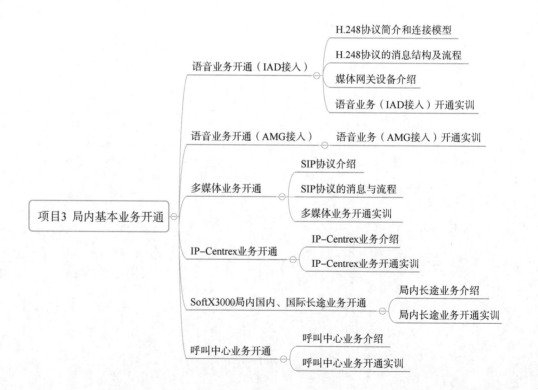

学习要求

1. 在完成任务过程中，遵守操作规范，培养劳动意识，树立职业道德观念。

2. 按照知、学、做、巩固四个环节进行各任务的学习。可借助本教材配套的线上开放优质课程资源，如授课 PPT，授课视频、课题讨论、作业与测试等，提升学习效率和效果。

3. 通过组员间相互协作，加强沟通交流能力，培养团队意识。

任务 3.1　语音业务开通（IAD 接入）

3.1.1　任务描述

语音业务是 NGN 软交换系统的一项基本业务，本任务的语音用户通过综合接入设备 IAD 接入。本任务提供典型组网、组网连接方式、业务开通涉及的 SoftX3000 侧和 IAD 侧的数据规划和配置指导，并给出工作任务，让读者在工程项目中"做中学"，掌握语音业务组网和开通技能，加强对语音业务、综合接入设备 IAD 和 H.248/MGCP 协议的理解与应用能力。

本任务的具体要求是：

（1）完成 IAD 接入用户的语音业务典型组网简图连接。

（2）根据数据规划，通过华为 LMT 软件、浏览器，完成 SoftX3000 侧和 IAD 侧的数据配置。

（3）验证语音业务。

3.1.2　学习目标和实验器材

学习完该任务，您将能够：

（1）掌握语音业务典型组网方法。

（2）掌握语音业务开通 SoftX3000 侧和 IAD 设备侧的数据配置流程、命令，知晓相关注意事项。

（3）具备根据数据规划，完成语音业务开通配置和调测的能力。

实验器材：SoftX3000 设备、BAM 服务器、二层交换机、三层交换机、华为 IAD104H、模拟话机、华为 LMT 本地维护终端软件、e-Bridge 软件、计算机等。

3.1.3　知识准备

3.1.3.1　整体介绍

SoftX3000 设备与 IAD（综合接入设备）在 NGN 软交换系统中的位置及对接协议如

图 3-1-1所示。它们之间采用的对接协议是 MGCP/SIP 协议。MGCP 和 H.248 协议都属于承载控制协议，用于媒体网关控制器（MGC，这里指软交换设备）控制媒体网关（这里指IAD）。使用模拟话机的语音用户通过 IAD 接入 NGN 软交换系统。

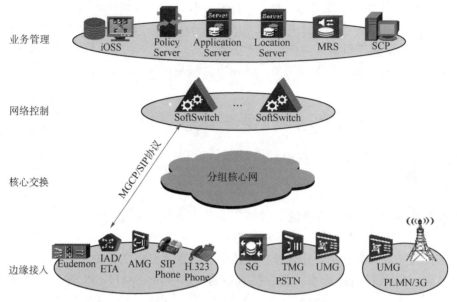

图 3-1-1　SoftX3000 设备与 IAD 在 NGN 软交换系统中的位置

语音业务是 NGN 的一项基本业务。

当 IAD（Integrated Access Device）通过 IP 城域网接入 SoftX3000 时，其主要用途是为用户提供小容量的模拟用户线端口，以便运营商能够通过 IP 城域网向分散用户提供语音业务。典型组网如图 3-1-2 所示。

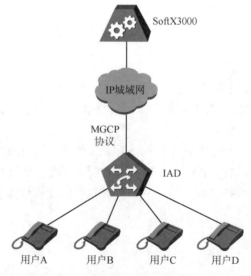

图 3-1-2　SoftX3000 与 IAD 典型组网

下面以 H.248 协议为例，介绍软交换设备与接入媒体网关间使用的承载控制协议。

3.1.3.2 H.248 协议介绍

H.248 协议是由 ITU-T 提出的媒体网关控制协议，它是在早期的 MGCP 协议基础上改进而成的，用于媒体网关控制器 MGC 控制媒体网关 MG，如图 3-1-3 所示。H.248、MGCP 都是主、从控制协议。

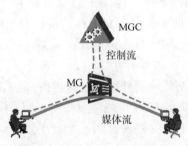

图 3-1-3 MGC 控制 MG

H.248、MGCP 协议在现网的应用如图 3-1-4 和图 3-1-5 所示。

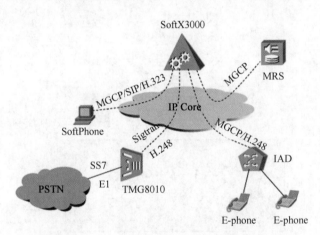

图 3-1-4 H.248、MGCP 协议在固话网的应用

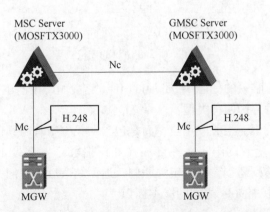

图 3-1-5 H.248、MGCP 协议在移动网的应用

1. H. 248 协议的连接模型

连接模型是指由 MGC 控制的，在 MG 中的逻辑实体或对象。MGC 通过命令控制 MG 上的连接模型。模型的基本构件包括终端（termination）和关联（context）。

终端是在 MG 中能够发送和接收媒体流与控制流的实体。关联是指一组终端之间的联系。

例如，一个 IAD 设备，它有两种接口：用户线接口和 IP 接口，IAD 的语音采用 RTP 协议进行封装，把 IAD 的 IP 接口抽象成多个 RTP 端口，则每个呼叫都需要建立一个用户端口和一个 RTP 端口在 IAD 内部的连接，这个连接就称为关联，而用户线和 RTP 端口就称为终端。同理，对于中继网关来说，一边是 IP 接口，另一边是 E1 接口，则 IP 侧的 RTP 端口和 E1 接口都称为终端。要实现电路传输到分组传输的转换，也需要建立相应时隙和 IP 端口之间的关联。把中继电路时隙和 IP 端口放到一个关联中，即意味着其内部接续成功。这里的关联 context 就像一个盒子，把不同的终端装到这个盒子里，就可以将不同的终端连接起来了。MG 的每一次接续，都要取一个 context 用来连接不同的终端。H. 248 协议的连接模型如图 3-1-6 所示。

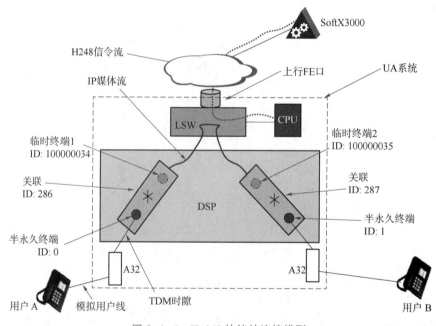

图 3-1-6　H. 248 协议的连接模型

H. 248 协议的终端有唯一的标志 Termination ID，它由 MG 在创建终端时分配。

H. 248 协议的关联可分为四种类型：

①空关联，由文本标识。空关联不空，而是包含网关中所有与其他任何终端都没有关联的终端。MG 刚上电时，所有的半永久性终端（如模拟电路）都处于空关联中，只有通话时，它们才会从空关联移到新创建的确定关联中。通话结束后，它们又会移回到空关联。

②确定关联，由"AG5890"之类的文本标识。

③CHOOSE 关联，由文本"$"标识，表示请求 MG 创建一个新关联。

④ALL 关联，由文本"*"标识，表示 MG 上所有的关联。

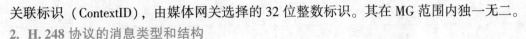

关联标识（ContextID），由媒体网关选择的 32 位整数标识。其在 MG 范围内独一无二。

2. H. 248 协议的消息类型和结构

H. 248 协议的消息分为命令和响应。

所有的 H. 248 命令都要接收者回送响应。命令和响应的结构基本相同，由事务 ID 相关联。

响应有"Reply"和"Pending"两种。"Reply"表示已经完成了命令执行，返回执行成功或失败信息；"Pending"指示命令正在处理，但仍然没有完成。当命令处理时间较长时，可以防止发送者重发事务请求。

协议消息的编码格式可以是文本格式 ABNF，也可以是二进制格式 ANS.1。MGC 必须支持两种格式，MG 可以支持任一种格式。

H. 248 协议的消息结构如图 3-1-7 所示。

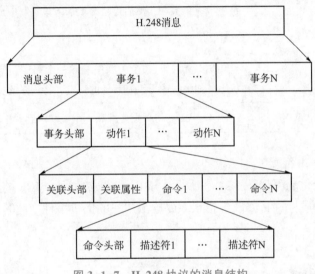

图 3-1-7　H. 248 协议的消息结构

消息结构是从消息头开始，后面是若干个事务。消息头中包含消息标识符和版本段，消息标识符标识消息的发送者，可以是域地址、域名或设备名，一般采用域名。版本字段用于标识消息遵守的协议版本，目前版本为 1。

事务是 MG 和 MGC 之间的一组命令。事务由事务 ID 标识，事务 ID 是由事务发起方分配并在发送方范围内的唯一值。一个消息中包含一个或多个事务，消息内的事务是互相独立的，当多个事务被处理时，消息没有规定被处理的顺序。

动作与关联是密切相关的，动作由关联 ID 进行标识。在一个动作内，命令需要顺序执行。一个动作从关联头部开始，在关联头部包含关联 ID，用于标识该动作对应的关联。

关联 ID 由 MG 指定，在 MG 范围内是唯一的。MGC 必须在以后的与此关联相关的事务中使用相同的关联 ID。在关联头部后面是若干命令，这些命令都与关联 ID 标识的关联相关。

H. 248 定义了 8 个命令，用于对协议连接模型中的逻辑实体（关联和终端）进行操作和管理。见表 3-1-1。

表 3-1-1　H. 248 协议的命令

命令名称	命令代码	描述
Add	ADD	MGC→MG，增加一个终端到一个关联中，当不指明 ContextID 时，将生成一个关联，然后再将终端加入该关联中
Modify	MOD	MGC→MG，修改一个终端的属性、事件和信号参数
Subtract	SUB	MGC→MG，从一个关联中删除一个终端，同时返回终端的统计状态。如关联中再没有其他的终端，将删除此关联
Move	MOV	MGC→MG，将一个终端从一个关联移到另一个关联
Add	ADD	MGC→MG，增加一个终端到一个关联中，当不指明 ContextID 时，将生成一个关联，然后再将终端加入该关联中
Modify	MOD	MGC→MG，修改一个终端的属性、事件和信号参数
Subtract	SUB	MGC→MG，从一个关联中删除一个终端，同时返回终端的统计状态。如关联中再没有其他的终端，将删除此关联
Move	MOV	MGC→MG，将一个终端从一个关联移到另一个关联

3. H. 248 协议常用流程

网关注册与初始化流程如图 3-1-8 所示。MG 注册成功后，MGC 将对空关联中的 MG 的所有半永久终端的属性进行修改，指示 MG 检测用户的摘机事件。此时，此终端可以接收或者发起呼叫。

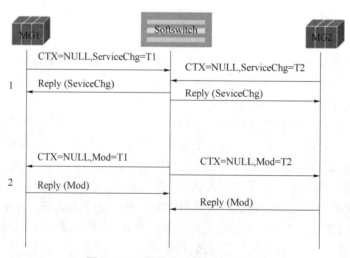

图 3-1-8　网关注册与初始化流程

同一 MG 下终端之间的 H. 248 呼叫流程如图 3-1-9 所示。

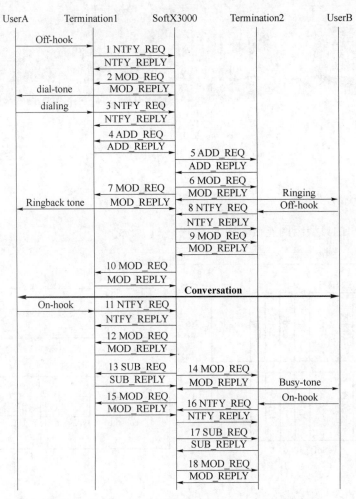

图 3-1-9 同一 MG 下终端之间的 H.248 呼叫流程

3.1.3.3 媒体网关设备介绍

IAD（Integrated Access Device），综合接入设备，是基于 IP 的语音/传真（VoIP/FoIP）接入网关，为运营商、企业、小区住宅用户、公司提供高效、高质量的 IP 话音业务、视频、传真等服务。一般部署在用户桌面或机房，通过 IP 网络连接到核心网。

IAD 本身不提供业务，也不支持自交换，业务主要依赖核心交换设备提供。它作为 VoIP 小型网关，支持 G.711/G.729 语音编解码标准。支持 DHCP、PPPoE 和静态 IP 地址分配方式。

华为 IAD104H 提供四个 RJ11 口，可实现电话与传真；提供串口维护；支持 NAT 特性；支持 MGCP 与 SIP 协议；支持命令行管理与网管工具管理；上行为 1 个上行 RJ-45 口（WAN）接入 Internet，下行提供 4 个 Phone 口、一个 RJ-45 口。设备外形如图 3-1-10 所示。

在 NGN 软交换系统中，IAD 通过标准的 MGCP 或 SIP 协议与 SoftSwitch 配合组网。

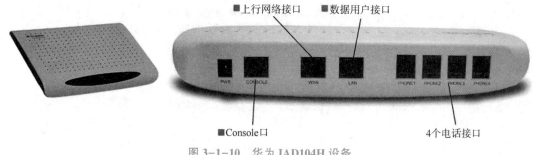

图 3-1-10　华为 IAD104H 设备

3.1.3.4　组网连接方式

IAD 接入用户的典型组网连接简图如图 3-1-11 所示。

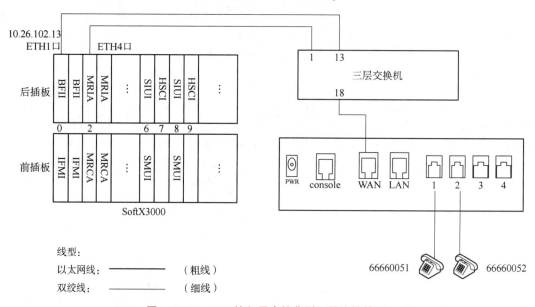

图 3-1-11　IAD 接入用户的典型组网连接简图

3.1.4　任务实施

3.1.4.1　工作步骤

（1）完成组网简图的连接。

（2）根据配置练习的步骤，练习 SoftX3000 侧和 IAD 侧的数据配置方法。

（3）根据实验任务的数据规划内容，完成 SoftX3000 侧和 IAD 侧的数据配置。

（4）开通并按照调测指导来调测语音业务。

3.1.4.2　数据规划

下面是练习的规划数据。

（1）FCCU 板模块号：30，IFMI 模块号：134。

（2）SoftX3000 和 IAD 两个设备之间的主要对接参数规划见表 3-1-2。

表 3-1-2　SoftX3000 与 IAD 对接参数

序号	对接参数项	参数值
1	SoftX3000 与 IAD 之间采用的控制协议	MGCP 协议
2	MGCP 协议的编码类型	ABNF（文本方式）
3	IAD 的域名	iad009.com
4	SoftX3000 的 IFMI 板的 IP 地址	10.26.102.13
5	IAD 的 IP 地址	192.168.3.171
6	SoftX3000 侧 MGCP 协议的本地 UDP 端口号	2727
7	IAD 侧 MGCP 协议的本地 UDP 端口号	2429
8	IAD 支持的语音编解码方式	G.711A、G.711μ、G.723.1、G.729、T38
9	用户 A 的电话号码，终端标识，号首集，呼叫源码，计费源码，呼入、呼出权限，补充业务	85300051，1，5，12，12，本局，本局，主叫线识别提供
10	用户 B 的电话号码，终端标识，号首集，呼叫源码，计费源码，呼入、呼出权限，补充业务	85300052，2，5，12，12，本局，本局，主叫线识别提供

（3）呼叫字冠 8530，本局，基本业务，路由选择码 65535，计费选择码 12。

3.1.4.3　配置练习

配置 SoftX3000 与 IAD 设备的网关数据、用户数据以及号码分析数据等。

1. SoftX3000 侧数据配置

1）执行脱机操作

（1）脱机，同 2.3.4.3 节 1（1）。

（2）关闭格式化开关，同 2.3.4.3 节 1（2）。

2）配置基础数据

基础数据包括硬件数据和本局、计费数据，是项目 2 的任务 2.3 和任务 2.4 的学习内容，这里采用脚本，用批处理方法执行（图 2-4-6）。"基础数据练习配置"脚本见二维码部分的附录 3。

3）配置媒体网关数据

输入 ADD MGW 命令，增加媒体网关，采用 MGCP 协议 IAD，设备标识为 iad009.com，FCCU 模块号 30，如图 3-1-12 所示。

📖 说明：

当 MG 采用 MGCP 协议时，命令中的"设备标识"为 IAD 域名，此处为 iad009.com。

4）配置用户数据

（1）输入 ADD VSBR 命令，增加语音用户。增加 1 个 ESL 用户。本地号首集 5，用户号码

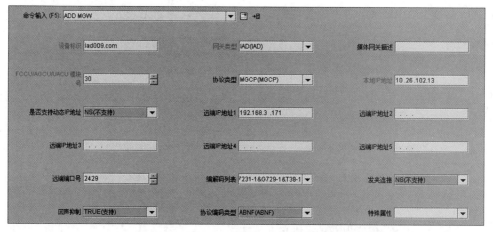

图 3-1-12　增加 IAD 媒体网关

为 85300051，计费源码 12，呼叫源码 12，如图 3-1-13 所示。

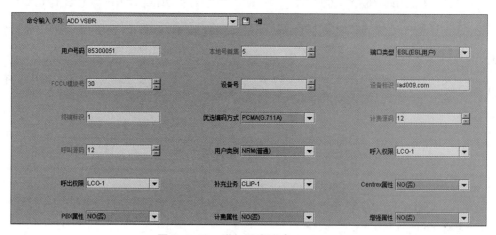

图 3-1-13　增加语音用户 85300051

（2）输入 ADD VSBR 命令，增加语音用户。增加 1 个 ESL 用户。本地号首集 5，用户号码为 85300052，计费源码 12，呼叫源码 12，如图 3-1-14 所示。

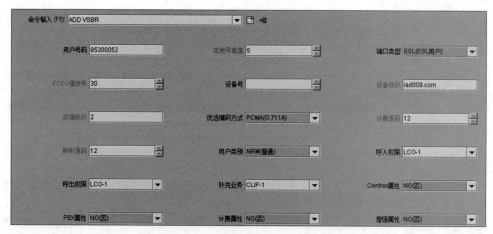

图 3-1-14　增加语音用户 85300052

说明：

● 不同厂家生产的 IAD，其用户端口的终端标识的编号方式是不同的，此处是从 0 开始编号的。

● 若为 ESL 用户开通 CID（来电显示）功能，则操作员需将命令中的"补充业务"参数的"CLIP"选项选中。

5）配置号码分析数据

输入 ADD CNACLD 命令，增加呼叫字冠，本地号首集 5，本局、基本业务，路由选择码 65535，计费选择码 12，如图 3-1-15 所示。

图 3-1-15　增加呼叫字冠

说明：

● 为确保系统计费的可靠性，操作员必须为每一个呼叫字冠配置一个有效的计费选择码，此处为 12。

6）执行联机操作

（1）打开格式化开关，同 2.3.4.3 节 3（1）。

（2）联机，同 2.3.4.3 节 3（2）。

2. Web 方式配置 IAD 侧数据

1）获取设备的 IP 地址

获取设备 IP 地址有两种方法：一种是使用连接到 IAD 的话机拨打＊127 听语音播报 IP 地址；另一种是通过串口登录 IAD 后，执行 display ipaddress 命令查看设备地址信息。

2）登录设备

假设 IAD 设备的 IP 地址为 192.168.3.171，先在配置电脑的命令窗口 ping 192.168.3.171，检查连接是否正常，如图 3-1-16 所示。

图 3-1-16　ping IAD 设备

若能 ping 通，则说明设备连接正常。在 PC 机的浏览器地址栏输入 https://192.168.3.171，按 Enter 键，界面如图 3-1-17 所示。

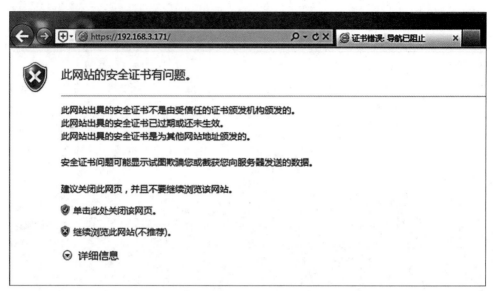

图 3-1-17　登录 IAD 设备

单击"继续浏览此网站",进入登录界面。

输入用户名 root,密码 huawei123,登录。单击"返回"按钮,如图 3-1-18 所示。

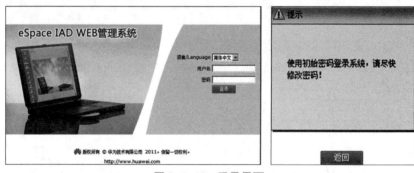

图 3-1-18　登录界面

进入 Web 管理系统界面,如图 3-1-19 所示。

图 3-1-19　Web 管理系统界面

3) 设置协议

若协议模式已为 MGCP,则省去此步,否则,将 IAD 的协议模式配置为 MGCP,如图 3-1-20 所示。

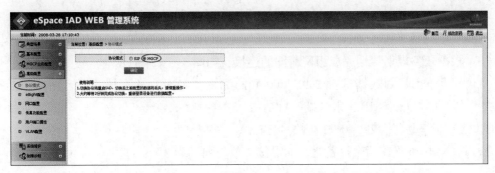

图 3-1-20　设置 IAD 的协议模式

会弹出确认窗口，单击"确定"按钮，如图 3-1-21
所示。

此时，IAD 重启，需要等待 1 min 左右，再次登录
IAD 设备。

4）设置设备域名和端口

例如，域名规划为 iad009.com，端口默认 2427，如
图 3-1-22所示。

图 3-1-21　确认 IAD 的协议设置

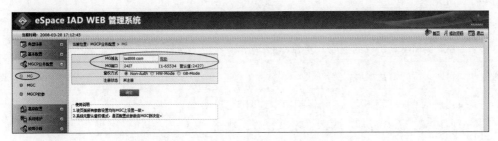

图 3-1-22　设置 IAD 设备域名和端口

5）设置 MGC IP 和端口

例如，软交换 IFMI 板 IP 地址为 10.26.102.13，端口默认为 2727，如图 3-1-23 所示。

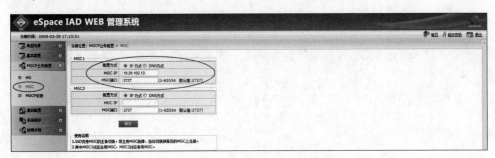

图 3-1-23　设置 MGC IP 和端口

注意：请及时保存数据，可选择"保存为运营商配置"。

3.1.4.4 实验任务

（1）根据任务规划数据完成组网简图的连接，如图 3-1-24 所示。

（2）根据下面规划数据进行 SoftX3000 侧的配置，实现 IAD 下挂的语音用户的互拨互通，并且各用户均开通 CID（来电显示）功能。

①FCCU 板模块号：22，IFMI 模块号：132。

②SoftX3000 和 IAD 两个设备之间的对接参数规划（表 3-1-3）。

表 3-1-3 SoftX3000 与 IAD 设备间的对接参数

序号	对接参数项	参数值
1	SoftX3000 与 IAD 之间采用的控制协议	MGCP 协议
2	MGCP 协议的编码类型	ABNF（文本方式）
3	IAD 的域名	iad001. com
4	SoftX3000 的 IFMI 板的 IP 地址	10. 26. 102. 13
5	IAD 的 IP 地址	192. 168. 3. 151
6	SoftX3000 侧 MGCP 协议的本地 UDP 端口号	2727
7	IAD 侧 MGCP 协议的本地 UDP 端口号	2427
8	IAD 支持的语音编解码方式	G. 711A、G. 711μ、G. 723. 1、G. 729、T38
9	用户 A 的电话号码，终端标识，本地号首集，呼叫源码，计费源码，呼入、呼出权限，补充业务	66660051，0，0，1，1，本局，本局，主叫线识别提供
10	用户 B 的电话号码，终端标识，本地号首集，呼叫源码，计费源码，呼入、呼出权限，补充业务	66660052，1，0，1，1，本局，本局，主叫线识别提供

③呼叫字冠 6666，本地号首集：0，本局，基本业务，路由选择码 65535，计费选择码 1。

④"基础数据配置"脚本见二维码部分的附录 3。

3.1.4.5 调测指导

在配置完 SoftX3000 与 IAD（采用 MGCP 协议）对接数据后，用户可以按照调测步骤进行业务验证。

（1）检查网络连接是否正常。

在 SoftX3000 客户端使用 ping 命令，或者在接口跟踪任务中使用 ping 工具，检查 SoftX3000 与 IAD 之间的网络连接是否正常。

网络连接正常，继续后续步骤。

网络连接不正常，在排除网络故障后继续后续步骤。

（2）检查 IAD 是否已经正常注册。

在 SoftX3000 的客户端上使用 DSP MGW 命令，查询该 IAD 是否已经正常注册，然后根据系统的返回结果决定下一步的操作：

查询结果为"Normal"，表示 IAD 正常注册，数据配置正确。

查询结果为"Disconnect"，表示 IAD 曾经进行过注册，但目前已经退出运行。此时，需要确认双方的配置数据是否曾经被修改过。

查询结果为"Fault"，表示网关无法正常注册。此时，使用 LST MGW 命令检查设备标识、远端 IP 地址、远端端口号、编码类型等参数的配置是否正确。

（3）拨打电话进行通话测试（66660051 与 66660052 电话互拨）。

若 AMG 能够正常注册，则可以使用电话进行拨打测试，若通话正常，则说明数据配置正确；若不能通话或通话不正常，则使用 DSP EPST 命令检查 AMG 的各终端是否已经正常注册，如果注册不正常，使用 LST VSBR 命令检查模块号、设备标识、终端标识等参数的配置是否正确。

说明：若 SoftX3000 侧数据配置正确，则确认 IAD 侧的参数设置是否正确。

3.1.5 任务验收

根据任务规划数据完成组网简图（图 3-1-24）的连接。

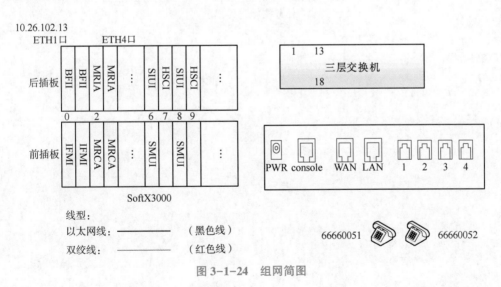

图 3-1-24 组网简图

填写工作任务单，见表 3-1-4。

表 3-1-4　工作任务单

工作任务			
小组名称		工作成员	
工作时间		完成总时长	
工作任务描述			

小组分工	姓名	工作任务	

任务执行结果记录			
序号	工作内容	完成情况	操作员
1			
2			
3			
4			

任务实施过程记录

任务评价表见表 3-1-5。

表 3-1-5 任务评价表

评价类型	赋分	序号	具体指标	分值	得分		
					自评	组评	师评
职业能力	65	1	组网简图连接正确	10			
		2	数据配置内容完备、正确,电话互拨正常,无告警	50			
		3	陈述项目完成的思路、经过和遇到的问题,表达清晰	5			
职业素养	20	1	坚持出勤,遵守纪律	5			
		2	协作互助,解决难点	5			
		3	按照标准规范操作	5			
		4	持续改进优化	5			
劳动素养	15	1	按时完成,认真填写记录	5			
		2	保持工位卫生、整洁、有序	5			
		3	小组分工合理	5			

3.1.6 回顾与总结

总结反馈表见表 3-1-6。

表 3-1-6 总结反馈表

总结反思	
目标达成:知识□□□□□ 能力□□□□□ 素养□□□□□	
学习收获:	老师寄语:
问题反思:	
	签字:_____

问题与讨论：

（1）列出 H.248 协议定义的 8 条命令的名称、命令代码，并简要描述命令的功能。

（2）列举 H.248 协议的消息类型，画出大致消息结构。

（3）你怎么理解 H.248 协议的连接模型？

（4）H.248 协议连接模型中的终端种类有哪些？

（5）H.248 协议连接模型中的关联类型有哪些？

任务 3.2　语音业务开通（AMG 接入）

3.2.1　任务描述

语音业务是 NGN 软交换系统的一项基本业务，本任务的语音用户通过接入媒体网关 AMG 接入。任务提供典型组网、网络连接方法、业务开通涉及的 SoftX3000 侧和 AMG 侧的数据规划和配置指导，并给出工作任务，让读者在工程项目中"做中学"，掌握语音业务组网和开通技能，加强对语音业务、接入媒体网关 AMG 和 H.248/MGCP 协议的理解与应用能力。

本任务的具体要求是：

（1）完成 AMG 接入用户的语音业务典型组网简图连接。

（2）根据数据规划，通过华为 LMT 软件、超级终端软件，完成 SoftX3000 侧和 AMG 侧的数据配置。

（3）验证语音业务。

3.2.2　学习目标和实验器材

学习完该任务，您将能够：

（1）掌握语音业务典型组网方法。

（2）掌握语音业务开通 SoftX3000 侧和 AMG 设备侧的数据配置流程、命令，知晓相关注意事项。

（3）具备根据数据规划，完成语音业务开通配置和调测的能力。

实验器材：SoftX3000 设备、BAM 服务器、二层交换机、三层交换机、UA5000 接入媒体网关、模拟话机、华为 LMT 本地维护终端软件、e-Bridge 软件、计算机等。

3.2.3　知识准备

3.2.3.1　整体介绍

SoftX3000 设备与 AMG 接入媒体网关设备在 NGN 软交换系统中的位置及对接协议如图 3-2-1 所示。

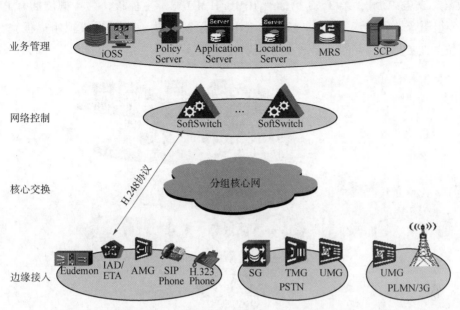

图 3-2-1　SoftX3000 设备与 AMG 在 NGN 软交换系统中的位置

当 AMG 通过 IP 城域网接入 SoftX3000 时（图 3-2-2），其主要用途是为用户提供中容量的模拟用户线端口，以便运营商能够通过 IP 城域网向家庭和集团用户提供语音业务。

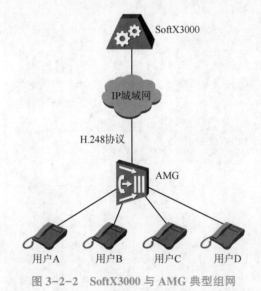

图 3-2-2　SoftX3000 与 AMG 典型组网

3.2.3.2　设备介绍

华为 UA5000 是宽窄带一体化综合业务接入设备（AMG），提供高质量的窄带语音接入业务、宽带接入业务，同时，还向用户提供功能完善的 IP 语音接入业务，以及以 IPTV 为代表的多媒体业务。它在 NGN 软交换系统的位置如图 3-2-3 所示。

图 3-2-4 是 HABA 类型的 UA5000 业务框，共有 36 个槽位，其中第 0、1 槽位插有

PWX 板（二次电源板），第 2、3 槽插有 IPMB/IPMD 宽带主控板，第 4 槽位插有 PVMB 主控板（分组语音处理板），第 18、19、20 槽位插有 A32 板（32 端口模拟用户板）。注：第 6~35 槽位为业务槽位，可插入各种业务板。

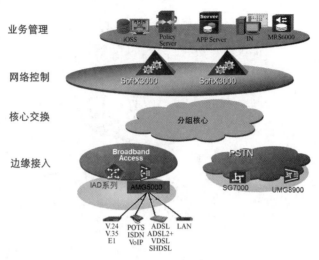

图 3-2-3　UA5000 在 NGN 软交换系统的位置

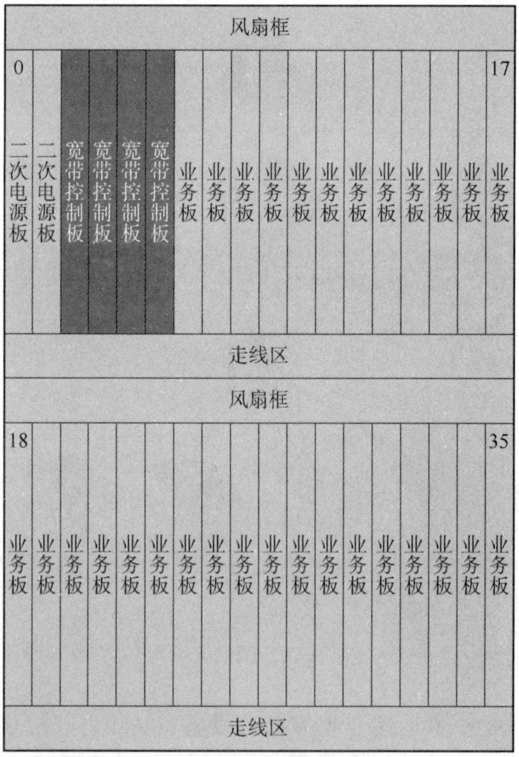

图 3-2-4　HABA 机框配置图

PVMB 主控板：实现 TDM 语音信号到 IP 报文转换，支持 H.248 协议的处理。提供 2 个 ETH 电口和 1 个 RS232 维护串口。

A32 板提供 32 对双绞线接口，连接 MDF（Main Distribution Frame，总配线架）的内线侧，如图 3-2-5 所示。MDF 架的外线侧提供一排 RJ11 类型的接口，如图 3-2-6 所示。

图 3-2-5 MDF 内线连接

图 3-2-6 MDF 外线连接

MDF 架的基本作用有：

（1）便于改接跳线：可以解决局外线路的线对顺序与交换机号码不相同的矛盾。不但便于装机放号，而且对用户移机或变更也提供了便利的条件。

（2）便于连接测试仪器进行测试工作：在装有试验弹簧排的总配线架上测试时，可用试验塞子插入试验弹簧排内，这时局外线路与交换机即分别接到测量箱上，以进行各种测试。

（3）配线架上的保安器排起到保护局内设备不受外界电气（雷电、高电压及强电流等）的危害作用，以保障人身及设备的安全。

3.2.3.3 组网连接方式

UA5000 接入用户的典型组网连接简图如图 3-2-7 所示。

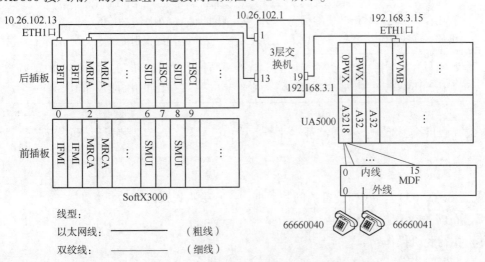

图 3-2-7 UA5000 接入用户的典型组网连接简图

3.2.4　任务实施

3.2.4.1　工作步骤

（1）完成组网简图的连接。

（2）根据配置练习的步骤，练习 SoftX3000 侧和 AMG 侧的数据配置方法。

（3）根据实验任务的数据规划内容，完成 SoftX3000 侧和 AMG 侧的数据配置。

（4）开通并按照调测指导来调测语音业务。

3.2.4.2　数据规划

下面是练习的规划数据。

（1）FCCU 板模块号规划：30，IFMI 模块号：134。

（2）SoftX3000 和 UA5000 两个设备之间的主要对接参数规划（表 3-2-1）。

表 3-2-1　SoftX3000 与 UA5000 对接参数

序号	对接参数项	参数值
1	SoftX3000 与 AMG 之间采用的控制协议	H.248 协议
2	H.248 协议的编码类型	ASN（二进制方式）
3	SoftX3000 的 IFMI 板的 IP 地址	10.26.102.13
4	AMG 的 IP 地址	192.168.3.10
5	SoftX3000 侧 H.248 协议的本地 UDP 端口号	2944
6	AMG 侧 H.248 协议的本地 UDP 端口号	2945
7	AMG 支持的语音编解码方式	G.711A、G.711μ、G.723.1、G.729、T38
8	用户 A 的电话号码，终端标识，号首集，呼叫源码，计费源码，呼入、呼出权限，补充业务	85300100，0，5，12，12，本局，本局，主叫线识别提供
9	用户 B 的电话号码，终端标识，号首集，呼叫源码，计费源码，呼入、呼出权限，补充业务	85300101，1，5，12，12，本局，本局，主叫线识别提供

（3）呼叫字冠 8530，本局，基本业务，路由选择码 65535，计费选择码 12。

3.2.4.3　配置练习

配置 SoftX3000 与 AMG 设备的网关数据、用户数据以及号码分析数据。

1. SoftX3000 侧数据配置

1）执行脱机操作

（1）脱机，同 2.3.4.3 节 1（1）。

（2）关闭格式化开关，同 2.3.4.3 节 1（2）。

2）配置基础数据

基础数据包括硬件数据和本局、计费数据，是任务 2.3 和任务 2.4 的学习内容，这里采用脚本的方式，用批处理方法执行（图 2-4-6）。"基础数据练习配置"脚本见二维码部分的附录 3。

3）配置媒体网关数据

输入 ADD MGW 命令，增加媒体网关，采用 H.248 协议 AMG，设备标识为192.168.3.10:2945，FCCU 模块号 30，如图 3-2-8 所示。

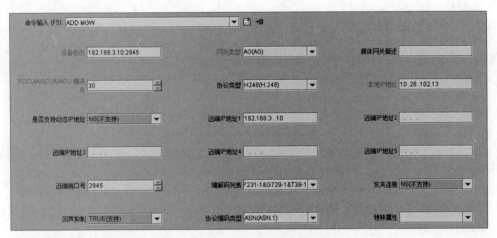

图 3-2-8　增加 AMG 媒体网关

💾 说明：

• 当 MG 采用 H.248 协议时，命令中的"设备标识"参数的格式为"IP 地址:端口号"，此处为 192.168.3.10:2945。

4）配置用户数据

输入 ADB VSBR 命令，增加语音用户。批增 2 个 ESL 用户。本地号首集 5，起始用户号码为 85300100，结束用户号码为 85300101，计费源码 12，呼叫源码 12，如图 3-2-9 所示。

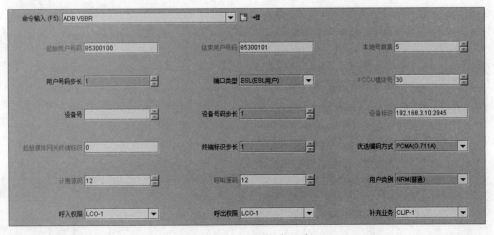

图 3-2-9　增加语音用户

说明：

● 对于 AMG 而言，由于需要增加大量的用户，为提高数据配置的效率，一般使用批增命令 ADB VSBR。

● 不同厂家生产的 AMG，其用户端口的终端标识的编号方式是不同的，此处是从 0 开始编号的（有的 AMG 是从 1 开始编号的）。

● 若为 ESL 用户开通 CID（来电显示）功能，则操作员需将命令中的"补充业务"参数的"CLIP"选项选中。

5）配置号码分析数据

输入 ADD CNACLD 命令，增加呼叫字冠，本地号首集 5，本局、基本业务，路由选择码 65535，计费选择码 12，如图 3-2-10 所示。

图 3-2-10　增加呼叫字冠

6）执行联机操作

（1）打开格式化开关，同 2.3.4.3 节 3（1）。

（2）联机，同 2.3.4.3 节 3（2）。

2. UA5000 侧数据配置

下面介绍用命令行方法配置 UA5000 的数据。用串口线连接 UA5000 的 COM 口，PC 机上采用"超级终端"软件登录 UA5000 设备。

配置命令如下：

（1）进入全局配置模式。

```
enable
config
```

（2）增加机框 0。

```
frame add 0 0   （机框类型 0:MAIN_HABM_30(HABA)）
```

（3）批增业务单板。

```
board batadd 0/18 0/20 a32（起始框号/槽位号 0/18，终止框号/槽位号 0/20，单板类型 A32）
board confirm 0（确认单板）
```

（4）设置上行接口的工作模式：以太网。

```
up- linkport set workmode eth1
```

（5）进入以太网接口，配置设备的 IP 地址和掩码、网关。

interface eth

ip modify 172. 20. 1. 2 ip_address 192. 168. 3. 10 submask 255. 255. 255. 0 gateway 192. 168. 3. 254 vlan_tag 0

quit（退出至全局配置模式）

（6）创建 H. 248 MG 接口 0（可创建多个虚拟 MG 与 MGC 通信，H. 248 协议编码方式默认为文本）。

interface h248 0

if- h248 attribute mgip 192. 168. 3. 10 mgport 2945 mg - media - ip 192. 168. 3. 10 transfer udp mgcip_1 10. 26. 102. 13 mgcport_1 2944（mgcip_1 为 softx3000 的信令接口 IP 地址）

if- h248 attribute start- negotiate- version 1

（7）冷启动，增加的 MG 接口在重启后才和 MGC 通信，正常的话，接口显示 normal。

reset coldstart

quit

（8）进入 esl 用户配置模式，配置 0/18 槽位的 PSTN 用户数据。

esl user

mgpstnuser batadd 0/18/0 0/18/31 0 terminalid 0 telno 85300100（批增 MG 接口 0 下的用户，从 0 框 18 槽的 0 端口到 31 端口，terminalid 从 0 开始，依次递增，电话号码从 85300100 开始，依次递增）

（9）退出至全局配置模式。

quit

（10）保存数据。

save

3. 2. 4. 4　实验任务

（1）根据任务规划数据完成组网简图的连接，如图 3-2-11 所示。

（2）根据下面规划数据进行 SoftX3000 侧的配置，实现 UA5000 下挂的语音用户的互拨互通，并且各用户均开通 CID（来电显示）功能。

①FCCU 板模块号：22，IFMI 模块号：132。

②SoftX3000 和 UA5000 之间的对接参数规划（表 3-2-2）。

表 3-2-2　任务的 SoftX3000 与 UA5000 对接参数

序号	对接参数项	参数值
1	SoftX3000 与 AMG 之间采用的控制协议	H. 248 协议
2	H. 248 协议的编码类型	ABNF（文本方式）
3	SoftX3000 的 IFMI 板的 IP 地址	10. 26. 102. 13
4	AMG 的 IP 地址	192. 168. 3. 15

续表

序号	对接参数项	参数值
5	SoftX3000 侧 H.248 协议的本地 UDP 端口号	2944
6	AMG 侧 H.248 协议的本地 UDP 端口号	2944
7	AMG 支持的语音编解码方式	G.711A、G.711μ、G.723.1、G.729、T38
8	用户 A（终端标识为 0）的电话号码，本地号首集，呼叫源码，计费源码，呼入、呼出权限，补充业务	66660040，0，1，1，本局，本局，主叫线识别提供
9	用户 B（终端标识为 1）的电话号码，本地号首集，呼叫源码，计费源码，呼入、呼出权限，补充业务	66660041，0，1，1，本局，本局，主叫线识别提供

③呼叫字冠 6666，本地号首集：0，本局，基本业务，路由选择码 65535，计费选择码 1。

④"基础数据配置"脚本见二维码部分的附录 3。

3.2.4.5 调测指导

在配置完 SoftX3000 与 AMG（采用 H.248 协议）对接数据后，用户可以按照调测步骤进行业务验证。

（1）检查网络连接是否正常。

在 SoftX3000 客户端使用 ping 命令，或者在接口跟踪任务中使用 ping 工具，检查 SoftX3000 与 AMG 之间的网络连接是否正常：

网络连接正常，继续后续步骤。

网络连接不正常，在排除网络故障后继续后续步骤。

（2）检查 AMG 是否已经正常注册。

在 SoftX3000 的客户端上使用 DSP MGW 命令，查询该 AMG 是否已经正常注册，然后根据系统的返回结果决定下一步的操作：

查询结果为"Normal"，表示 AMG 正常注册，数据配置正确。

查询结果为"Disconnect"，表示 AMG 曾经进行过注册，但目前已经退出运行。此时，需要确认双方的配置数据是否曾经被修改过。

查询结果为"Fault"，表示网关无法正常注册。此时，使用 LST MGW 命令检查设备标识、远端 IP 地址、远端端口号、编码类型等参数的配置是否正确。

（3）拨打电话进行通话测试（66660040 与 66660041 电话互拨）。

若 AMG 能够正常注册，则可以使用电话进行拨打测试，若通话正常，则说明数据配置正确；若不能通话或通话不正常，则使用 DSP EPST 命令检查 AMG 的各终端是否已经正常注册，如果注册不正常，使用 LST VSBR 命令检查模块号、设备标识、终端标识等参数的配置是否正确。

说明：若 SoftX3000 侧数据配置正确，则确认 AMG 侧的参数设置是否正确。

3.2.5　任务验收

根据任务规划数据完成组网简图（图 3-2-11）的连接。

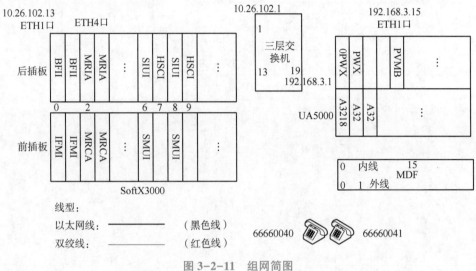

图 3-2-11　组网简图

填写工作任务单，见表 3-2-3。

表 3-2-3　工作任务单

工作任务			
小组名称		工作成员	
工作时间		完成总时长	
工作任务描述			
小组分工	姓名	工作任务	

	任务执行结果记录		
序号	工作内容	完成情况	操作员
1			
2			
3			
4			
	任务实施过程记录		

任务评价表见表 3-2-4。

表 3-2-4　任务评价表

评价类型	赋分	序号	具体指标	分值	得分		
					自评	组评	师评
职业能力	65	1	组网简图连接正确	15			
		2	数据配置内容完备、正确，电话互拨正常，无告警	45			
		3	陈述项目完成的思路、经过和遇到的问题，表达清晰	5			
职业素养	20	1	坚持出勤，遵守纪律	5			
		2	协作互助，解决难点	5			
		3	按照标准规范操作	5			
		4	持续改进优化	5			
劳动素养	15	1	按时完成，认真填写记录	5			
		2	保持工位卫生、整洁、有序	5			
		3	小组分工合理	5			

3.2.6　回顾与总结

总结反馈表见表 3-2-5。

表 3-2-5　总结反馈表

总结反思	
目标达成：知识□□□□□　能力□□□□□　素养□□□□□	
学习收获：	老师寄语：
问题反思：	签字：＿＿＿＿＿

问题与讨论：

MDF 架的作用是什么？

任务 3.3　多媒体业务开通

3.3.1　任务描述

多媒体业务是 NGN 软交换系统的一项基本业务。本任务提供多媒体业务典型组网、组网连接方式、业务开通涉及的 SoftX3000 侧和 SIP 终端设备侧的数据规划与配置指导，并给出工作任务，让读者在工程项目中"做中学"，掌握多媒体业务组网和开通技能，加强对多媒体业务、SIP 终端设备和 SIP 协议的理解与应用能力。

本任务的具体要求是：

（1）完成多媒体业务典型组网简图连接。

（2）根据数据规划，通过华为 LMT 软件，完成 SoftX3000 侧和 SIP 终端设备侧的数据配置。

（3）验证多媒体业务。

3.3.2 学习目标和实验器材

学习完该任务，您将能够：

（1）掌握多媒体业务典型组网方法。

（2）掌握多媒体业务开通 SoftX3000 侧和 SIP 终端设备侧的数据配置流程、命令，知晓相关注意事项。

（3）具备根据数据规划，完成多媒体业务开通配置和调测的能力。

实验器材：SoftX3000 设备、BAM 服务器、二层交换机、三层交换机、SIP 电话、华为 LMT 本地维护终端软件、e-Bridge 软件、计算机等。

3.3.3 知识准备

3.3.3.1 整体介绍

SoftX3000 设备与 SIP 终端设备在 NGN 软交换系统中的位置及对接协议如图 3-3-1 所示。

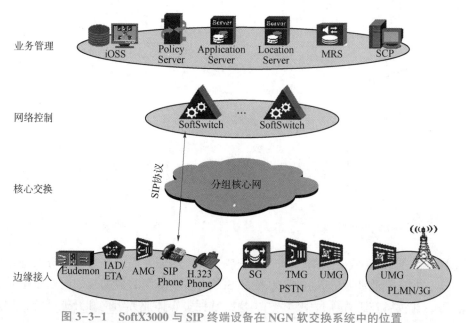

图 3-3-1　SoftX3000 与 SIP 终端设备在 NGN 软交换系统中的位置

多媒体业务是 NGN 软交换系统的一项基本业务。

当 SIP 终端通过 IP 城域网接入 SoftX3000 时，其主要用途是为个人用户提供多媒体业务，包括语音业务、数据业务、视频业务等。SIP 终端采用 SIP 协议接入 SoftX3000 时的典型组网如图 3-3-2 所示。

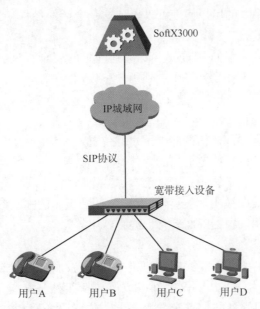

图 3-3-2 SoftX3000 与 SIP 终端典型组网

3.3.3.2 SIP 协议介绍

1. SIP 协议概述

SIP（Session Initiation Protocol，会话初始协议）是一个在 IP 网络上进行多媒体通信的应用控制（信令）协议，它被用来创建、修改和终结一个或多个参加者参加的会话进程，位于 TCP/IP 协议栈结构的应用层，与 RTP、SDP、RSVP 等多种协议配合完成多媒体会话过程，是一种对等协议，如图 3-3-3 所示。

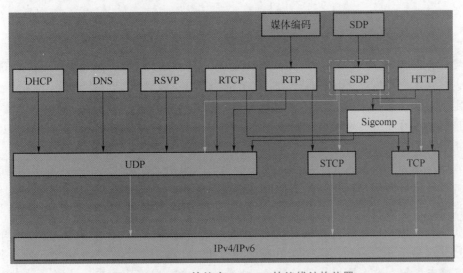

图 3-3-3 SIP 协议在 TCP/IP 协议栈结构位置

SIP 协议本身并不提供服务。但是，SIP 提供了一个基础，可以用来实现不同的服务。比如，SIP 可以定位用户和传输一个封装好的对象到对方的当前位置。如果利用这点来传输

SDP 传输会话的描述，对方的用户代理可以得到这个会话的参数。SIP 作为一个基础，可以在其上提供很多不同的服务。

安全对于提供的服务来说特别重要。要达到理想的安全程度，SIP 提供了一套安全服务，包括防止拒绝服务、认证服务（用户到用户、代理到用户）、完整性保证、加密和隐私服务。

SIP 协议的信令功能有。

（1）用户定位：确定参加通信的终端用户的位置。

（2）用户通信能力协商：确定通信的媒体类型和参数。

（3）用户意愿交互：确定被叫是否乐意参加某个通信。

（4）建立呼叫：包括向被叫"振铃"，确定主叫和被叫的呼叫参数。

（5）呼叫处理和控制：包括呼叫转移、终止呼叫等。

2. SIP 协议的网络成员

网络架构中常用的一种通信模式叫客户机（Client）/服务器（Server）结构，简称C/S。SIP 协议就是采用这种结构。SIP 协议的网络成员包括四种基本类型的服务器和用户代理，这四种服务器分别是代理服务器、重定向服务器、位置服务器和注册服务器，如图 3-3-4 所示。

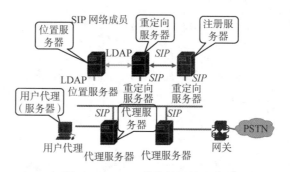

图 3-3-4　SIP 协议的网络元素

代理服务器类似于 HTTP 协议中的 Proxy，负责接收用户代理发来的请求，然后根据网络策略，将请求路由发给相应的服务器，并根据收到的应答对用户作出响应。

重定向服务器非常类似于域名服务器，它收到用户请求后，进行地址解析，将请求中的目的地址映射为 0 个或多个新的地址，然后返回给客户端。客户端再次向这些新的地址发起请求，重定向服务器并不接收或者拒绝呼叫，主要完成定位功能。

位置服务器是一个数据库，用于存放终端用户当前的位置信息，为 SIP 重定向服务器或代理服务器提供被叫用户可能的位置信息。重定向服务器或代理服务器可以通过轻量级目录访问协议 LDAP 来进行位置查询。

注册服务器用于接收和处理用户端的注册请求，完成用户地址的注册。

用户代理是指 SIP 终端，比如安装在计算机里面的客户端软件如软电话，或者具有 IP 接口的 SIP 电话等。这个用户代理既要负责发起请求，又要响应请求，所以又分为 UAC 和 UAS 两部分，其中，UAC 用于发起 SIP 请求，UAS 用于响应请求，这就可以使得具有 CS 结构的 SIP 协议能够完成对等的呼叫控制。

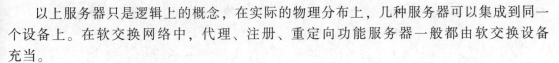

以上服务器只是逻辑上的概念，在实际的物理分布上，几种服务器可以集成到同一个设备上。在软交换网络中，代理、注册、重定向功能服务器一般都由软交换设备充当。

3. SIP 协议的消息类型和结构

SIP 消息采用文本方式编码，分为请求消息和响应消息两种类型。请求消息指客户端为了激活按特定操作而发给服务器的消息，响应消息应用于对请求消息进行响应，指示呼叫的成功或失败状态。

SIP 消息分为起始行、消息头和消息体。SIP 的请求消息结构如图 3-3-5 所示。

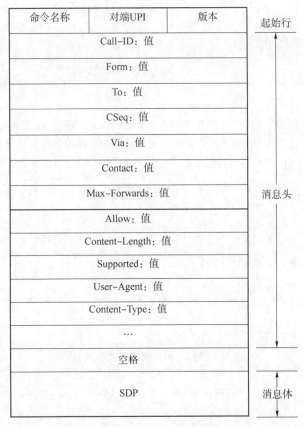

命令名称	对端UPI	版本	起始行
Call-ID：值			
Form：值			
To：值			
CSeq：值			
Via：值			
Contact：值			消息头
Max-Forwards：值			
Allow：值			
Content-Length：值			
Supported：值			
User-Agent：值			
Content-Type：值			
...			
空格			
SDP			消息体

图 3-3-5　SIP 协议的请求消息结构

请求消息的起始行由三部分组成。命令名称决定了请求消息的类型和目的，包括 INVITE、ACK、OPTIONS、BYE、CANCEL、REGISTER、PRACK、UPDATE 等。对端 UPI 标识请求所用到的用户或服务器地址。协议版本为当前使用的 SIP 版本。

SIP 消息头主要由 SIP 头域构成，完成 SIP 会话过程中信息的传递和部分参数的协商功能。这里仅介绍几个经常出现在 SIP 消息头域的参数。Call-ID 用于唯一标识一次会话，Call-ID 需要全局唯一。From 用于指明请求发起方的地址，服务器会将此字段从请求消息复制到对应的响应消息中。To 用于标识请求的接收者。CSeq 用于标识请求的顺序号，客户端在每个请求中加入此字段，服务器将请求中的 CSeq 值复制的响应消息中，其作用是判断响应和请求的对应关系。

消息体主要用于会话建立过程中会话信息和参数的协商，此外，还要完成认证和鉴权信息的传送。一般来说，SIP 的消息体为 SDP 格式。

响应消息与请求消息的不同之处仅在于起始行，如图 3-3-6 所示。响应消息起始行也叫状态行，也由三部分组成。协议版本为当前使用的 SIP 版本；状态码决定响应消息的类型和目的，它包含三位整数，第一位用于定义相应类型，另外两位进一步对响应进行详细说明；描述性短语是对状态码的简短的说明。

| SIP/协议版本 | 状态码 | 描述性短语 | 起始行 |

图 3-3-6　SIP 协议的响应消息起始行结构

SIP 协议的请求消息见表 3-3-1。

表 3-3-1　SIP 协议的请求消息

请求消息	消息含义
INVITE	发起会话请求，邀请用户加入一个会话，会话描述含于消息体中。对于两方呼叫来说，主叫方在会话描述中指示其能够接收的媒体类型及其参数，被叫方必须在成功响应消息的消息体中指明其希望接收哪些媒体，还可以指示其将发送的媒体
ACK	证实已收到对于 INVITE 请求的最终响应。该消息仅和 INVITE 消息配套使用
BYE	结束会话
CANCEL	取消尚未完成的请求，对于已完成的请求（即已收到最终响应的请求）则没有影响
REGISTER	注册
OPTIONS	查询服务器的能力

SIP 协议的响应消息见表 3-3-2。

表 3-3-2　SIP 协议的响应消息

序号	状态码	消息功能
1××	信息响应（呼叫进展响应）	表示已经接收到请求消息，正在对其进行处理
2××	成功响应	表示请求已经被成功接收、处理
3××	重定向响应	表示需要采取进一步动作，以完成该请求
4××	客户出错	表示请求消息中包含语法错误或者 SIP 服务器不能完成对该请求消息的处理
5××	服务器出错	表示 SIP 服务器故障不能完成对正确消息的处理
6××	全局故障	表示请求不能在任何 SIP 服务器上实现

4. SIP 协议的流程

用 SIP 来建立通信通常需要六个步骤：注册，发起和定位用户，进行媒体协商（通常采用 SDP 方式来携带媒体参数，由被叫方来决定是否接纳该呼叫），呼叫媒体流建立并交互，呼叫更改或处理如呼叫转移，呼叫终止。

SIP 终端用户注册和呼叫的一般流程如图 3-3-7 所示。UA2 上电注册，注册服务器将把 UA2 所登记的信息传送到位置服务器存放。UA1 用户代理发起呼叫请求，先找代理服务器，代理服务器不知道被叫位置，向重定向服务器查询被叫位置，重定向服务器查询对应的服务器，重定向服务器返回被叫用户当前的位置信息，代理服务器根据被叫用户当前位置信息将呼叫路由到下一条服务器。被叫侧代理服务器将消息路由到被叫终端，被叫振铃，被叫应答，应答消息。双方进入通话状态。

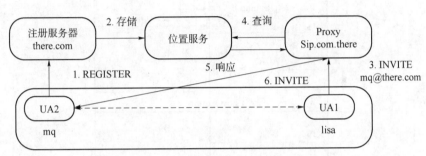

图 3-3-7　SIP 终端用户注册和呼叫一般流程

假设 SIP 协议各种服务器功能集中于 SoftX3000 软交换设备上。SIP 协议的用户注册具体消息流程如图 3-3-8 所示。SIP 用户每次开机或者地址发生改变时，都需要向其所属的注册服务器发起 REGISTER 注册请求，注册服务器返回 401 响应码，响应码以四开头说明客户机消息有错误，原因是 SIP 用户还没有鉴权，于是服务器将鉴权所需要的参数发给 SIP 用户，SIP 用户再发送带有鉴权响应的注册请求，这次服务器会成功响应消息。

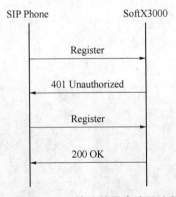

图 3-3-8　SIP 协议的用户注册流程

注册过程需要周期刷新。注册服务器将把 SIP 终端所登记的信息传送到位置服务器存放。

SIP 协议的用户呼叫的具体消息流程如图 3-3-9 所示。

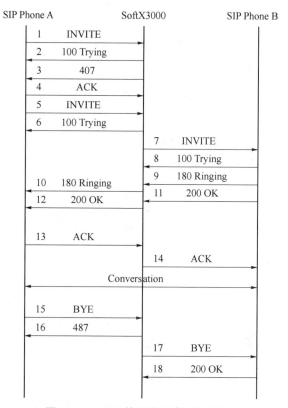

图 3-3-9　SIP 协议的用户呼叫流程

3.3.3.3　设备介绍

Yealink T26 SIP 电话（图 3-3-10）的功能：①支持 G.722 宽频语音编码；②采用带背光图形液晶屏，支持中文显示，提供 3 个 SIP 账号；③话机自带 3 方语音电话会议；④话机自带 10 个可编程键；⑤支持耳麦接口，PoE 供电；⑥支持 LAN、OPen VPN、PnP 自动部署；⑦兼容主流的 IP-PBX；⑧适用于主管、前台、调度员、座席员等专业用户的需求。

图 3-3-10　Yealink T26 SIP 电话

以太网交换机 S5700 为千兆交换机（图 3-3-11），定位为企业网和城域网的汇聚层交换机或接入层交换机。该系列交换机下行提供 24 个自适应千兆接口，组网方式灵活，可以应用于企业网络的千兆到桌面的接入，也可以用于运营商网络的用户接入和汇聚，以及数据中心服务器群的连接。

图 3-3-11　S5700 交换机

3.3.3.4　组网连接方式

多媒体终端业务的典型组网连接简图如图 3-3-12 所示。

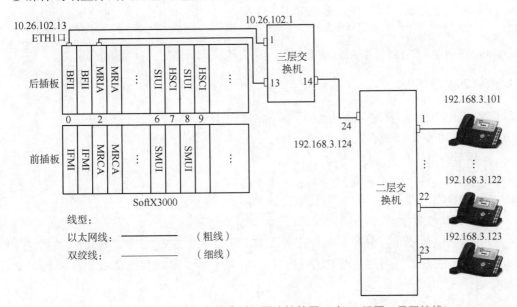

图 3-3-12　多媒体终端业务的典型组网连接简图（全 IP 组网，无双绞线）

3.3.4　任务实施

3.3.4.1　工作步骤

（1）完成组网简图的连接。

（2）根据配置练习的步骤，练习 SoftX3000 侧和 SIP 终端侧的数据配置方法。

（3）根据实验任务的数据规划内容，完成 SoftX3000 侧和 SIP 终端侧的数据配置。

（4）开通并按照调测指导来调测多媒体业务。

3.3.4.2　数据规划

下面是练习的规划数据。

（1）FCCU 板模块号规划：30，IFMI 模块号：134。

（2）MSGI 模块号：200，SIP 协议端口：5061。

（3）在配置 SoftX3000 侧和 SIP 终端侧的数据之前，操作员应就以下主要对接参数进行协商，见表 3-3-3。

表 3-3-3　SoftX3000 与 SIP 终端对接参数表

序号	对接参数项	参数值
1	SIP 终端设备 A 标识和认证密码	55550001，密码：55550001
2	SIP 终端设备 B 标识和认证密码	55550007，密码：55550007
3	用户 A 的电话号码，设备标识，号首集，呼叫源码，计费源码，呼入、呼出权限，补充业务	55550001，55550001，5，12，12，本局，本局，主叫线识别提供
4	用户 B 的电话号码，设备标识，号首集，呼叫源码，计费源码，呼入、呼出权限，补充业务	55550007，55550007，5，12，12，本局，本局，主叫线识别提供

（4）呼叫字冠 5555，本局，基本业务，路由选择码 65535，计费选择码 12。

3.3.4.3　配置练习

配置 SoftX3000 与 SIP 终端对接的网关数据、用户数据以及号码分析数据。

1. SoftX3000 侧数据配置

1）执行脱机操作

（1）脱机，同 2.3.4.3 节 1（1）。

（2）关闭格式化开关，同 2.3.4.3 节 1（2）。

2）配置基础数据

基础数据包括硬件数据和本局、计费数据，是项目 2 任务 2.3 和任务 2.4 的学习内容，这里采用脚本的方式，用批处理方法执行（图 2-4-6）。"基础数据练习配置"脚本见二维码部分附录 3。

3）配置 SIP 协议数据

（1）输入 SET SIPCFG 命令，设置 SIP 协议全局配置信息，如图 3-3-13 所示。

图 3-3-13　设置 SIP 协议全局配置信息

（2）输入 SET SIPLP 命令，设置处理 SIP 协议 MSGI 板（模块号为 200）的本地端口号，如图 3-3-14 所示。

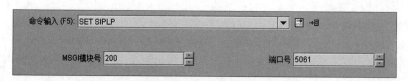

图 3-3-14　设置 MSGI 板的本地端口号

说明：

从 SIP 终端发到 SoftX3000 的第 1 个 SIP 消息中，携带 SIP 知名端口 5060。IFMI 收到此 SIP 消息包后，以负荷分担的方式将 SIP 消息发送到 MSGI 板进行处理。接着，从 SoftX3000 IFMI 板发出的 SIP 消息包中，携带了处理第 1 个 SIP 消息在此配置的 MSGI 本地端口号 5061。SIP 终端收到返回的 SIP 消息包后，其发出后续 SIP 消息中携带了 MSGI 本地端口号 5061。SoftX3000 IFMI 板收到报文后，根据端口号 5061 直接发送到指定的 MSGI 进行处理。

4）配置多媒体设备数据

（1）输入 ADD MMTE 命令，增加多媒体设备。增加 1 个采用 SIP 协议的多媒体设备，设备标识：55550001，FCCU 模块号：30，IFMI 模块号：134，如图 3-3-15 所示。

图 3-3-15　增加多媒体设备 55550001

（2）输入 ADD MMTE 命令，增加多媒体设备。增加 1 个采用 SIP 协议的多媒体设备，设备标识：55550007，FCCU 模块号：30，IFMI 模块号：134，如图 3-3-16 所示。

图 3-3-16　增加多媒体设备 55550007

 说明：

命令中的"设备标识"参数相当于 SIP 协议的注册用户名，"认证密码"相当于 SIP 协议的注册密码。

5）配置用户数据

（1）输入 ADD MSBR 命令，增加多媒体用户。增加 1 个 SIP 用户，用户号码 55550001。如图 3-3-17 所示。

（2）输入 ADD MSBR 命令，增加多媒体用户。增加 1 个 SIP 用户，用户号码 55550007，如图 3-3-18 所示。

6）配置号码分析数据

输入 ADD CNACLD 命令，增加呼叫字冠，如图 3-3-19 所示。

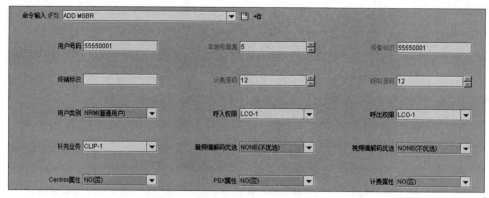

图 3-3-17 增加多媒体用户 55550001

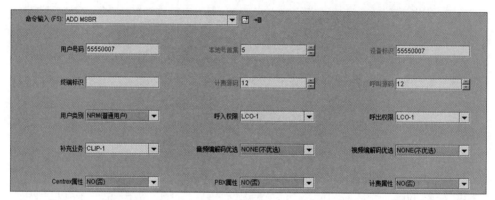

图 3-3-18 增加多媒体用户 55550007

图 3-3-19 增加呼叫字冠

 说明：

为确保系统计费的可靠性，操作员必须为每一个呼叫字冠配置一个有效的计费选择码，此处为 12。

7）执行联机操作

（1）打开格式化开关，同 2.3.4.3 节 3（1）。

（2）联机，同 2.3.4.3 节 3（2）。

2. SIP 电话侧数据配置

Yealink T26 SIP 电话的液晶界面和部分键盘如图 3-3-20 所示，通过话机界面进行数据配置。

（1）单击"菜单"→"设置"→"高级设置"（密码：admin）→"网络"→"WAN 口"→"手动配置 IP"。

（2）设置 IP 地址、子网掩码、默认网关等，如图 3-3-21 所示。

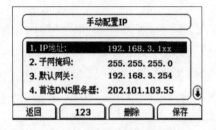

图 3-3-20　Yealink T26 SIP 电话液晶界面和部分键盘　　　图 3-3-21　IP 地址配置

IP 地址：192.168.3.×××，子网掩码：255.255.255.0，缺省网关：192.168.3.254，其他缺省。

注：网络信息更改后，会自动重启。

（3）单击"菜单"→"设置"→"高级设置"（密码：admin）→"账号"。

（4）选择要设置的账号，进入。分别设置标签、显示名、注册名、用户名、密码、SIP 服务器等信息。

标签：66660×××，显示名：66660×××，注册名：66660×××，用户名：66660×××，密码：66660×××，SIP Server：10.26.102.13，其他缺省即可。

（5）按"保存"键，保存。

注：×××对应 SIP 电话的规划数据。例如，规划电话 IP 地址为 192.168.3.101，标签：66660001，显示名：66660001，注册名：66660001，用户名：66660001，密码：66660001。

3.3.4.4　实验任务

（1）根据任务规划数据完成组网简图的连接，如图 3-3-22 所示。

（2）根据下面规划数据进行 SoftX3000 侧和 SIP 电话侧的配置，实现两个 SIP 终端设备的多媒体用户的互拨互通，并且各用户均开通 CID（来电显示）功能。

①FCCU 板模块号规划为 22，IFMI 模块号为 132。

②MSGI 模块号：211，SIP 协议端口：5061。

③对接 SoftX3000 与 SIP 终端参数，见表 3-3-4。

表 3-3-4　SoftX3000 与 SIP 终端对接参数

序号	对接参数项	参数值
1	SIP 终端设备 A 标识和认证密码	66660001，密码：66660001
2	SIP 终端设备 B 标识和认证密码	66660002，密码：66660002
3	用户 A 的电话号码，设备标识，本地号首集，呼叫源码，计费源码，呼入、呼出权限，补充业务	66660001，66660001，0，1，1，本局，本局，主叫线识别提供
4	用户 B 的电话号码，设备标识，本地号首集，呼叫源码，计费源码，呼入、呼出权限，补充业务	66660002，66660002，0，1，1，本局，本局，主叫线识别提供

④呼叫字冠6666，本地号首集：0，本局，基本业务，路由选择码65535，计费选择码1。

⑤"基础数据配置"脚本，见二维码部分附录3。

3.3.4.5 调测指导

在配置完SoftX3000与SIP终端设备对接数据后，用户可以按照调测步骤进行业务验证。

（1）检查网络连接是否正常。

在SoftX3000客户端使用ping命令，或者在接口跟踪任务中使用ping工具，检查SoftX3000与各SIP终端之间的网络连接是否正常：

网络连接正常，继续后续步骤。

网络连接不正常，在排除网络故障后继续后续步骤。

（2）检查SIP终端是否已经正常注册。

在SoftX3000的客户端上使用DSP EPST命令，查询SIP终端是否已经正常注册，然后根据系统的返回结果决定下一步的操作：

查询结果为"Register"，表示SIP终端正常注册，数据配置正确。

查询结果为"UnRegister"，表示网关无法正常注册。此时，使用LST MMTE命令检查设备标识、注册（认证）类型、注册（认证）密码等参数的配置是否正确。

（3）拨打电话进行通话测试。

若SIP终端能够正常注册，则可以使用电话进行拨打测试：

通话正常，则说明数据配置正确。

不能通话或通话不正常，确认SIP终端侧的参数设置是否正确。

3.3.5 任务验收

请根据任务规划数据完成组网简图（图3-3-22）的连接。

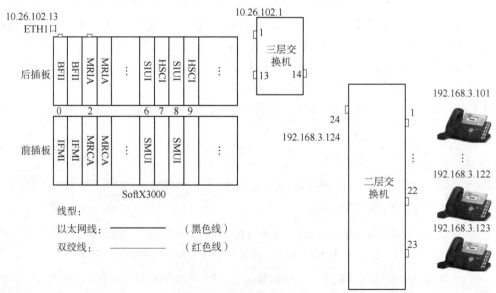

图3-3-22 组网简图

请填写工作任务单，见表 3-3-5。

表 3-3-5　工作任务单

工作任务				
小组名称		工作成员		
工作时间		完成总时长		
工作任务描述				
小组分工	姓名	工作任务		
任务执行结果记录				

序号	工作内容	完成情况	操作员
1			
2			
3			
4			

任务实施过程记录

任务评价表见表3-3-6。

表3-3-6 任务评价表

评价类型	赋分	序号	具体指标	分值	得分		
					自评	组评	师评
职业能力	65	1	组网简图连接正确	15			
		2	数据配置内容完备、正确，电话互拨正常，无告警	45			
		3	陈述项目完成的思路、经过和遇到的问题，表达清晰	5			
职业素养	20	1	坚持出勤，遵守纪律	5			
		2	协作互助，解决难点	5			
		3	按照标准规范操作	5			
		4	持续改进优化	5			
劳动素养	15	1	按时完成，认真填写记录	5			
		2	保持工位卫生、整洁、有序	5			
		3	小组分工合理	5			

3.3.6 回顾与总结

总结反馈表见表3-3-7。

表3-3-7 总结反馈表

总结反思	
目标达成：知识□□□□□　能力□□□□□　素养□□□□□	
学习收获：	老师寄语：
问题反思：	签字：＿＿＿＿＿

问题与讨论：

（1）SIP 协议的网络成员有哪些？起什么作用？

（2）请简述 SIP 协议的信令功能。

（3）列举 SIP 协议的消息类型。

（4）SIP 协议的消息结构由哪几部分组成？

（5）多媒体用户接入需要媒体网关吗？

任务 3.4 IP-Centrex 业务开通

3.4.1 任务描述

IP-Centrex 业务是 NGN 软交换系统的一项基本业务。任务提供典型组网、组网连接方式、业务开通涉及的各设备数据规划和配置指导，并给出工作任务，让读者在工程项目中"做中学"，掌握 IP-Centrex 业务组网和开通技能，加强对 IP-Centrex 业务理解与应用能力。

本任务的具体要求是：

（1）完成 IP-Centrex 业务典型组网简图连接。

（2）根据数据规划，完成 IP-Centrex 业务相关各设备的数据配置。

（3）验证 IP-Centrex 业务。

3.4.2 学习目标和实验器材

学习完该任务，您将能够：

（1）掌握 IP-Centrex 业务典型组网方法。

（2）掌握 IP-Centrex 业务开通的数据配置流程、命令，知晓相关注意事项。

（3）根据数据规划，完成 IP-Centrex 业务开通的数据配置和业务调测。

实验器材：SoftX3000 设备、BAM 服务器、二层交换机、三层交换机、UA5000、IAD、模拟话机、华为 LMT 本地维护终端软件、e-Bridge 软件、计算机等。

3.4.3 知识准备

3.4.3.1 业务介绍

Centrex 即集中式用户交换机，是公共电话网络交换机的一种功能。在公共电话网络交换机上将部分用户划分为一个基本用户群，向该用户群提供用户专用交换机的各种功能。Centrex 具有组网灵活性、业务多样性、与公网技术同时进步、专业化维护和保护用户原有投资等特点。

IP-Centrex 是一种基于 IP 的 Centrex 业务，是在继承 PSTN 网中 Centrex 业务的基础上，融合了 IP 网的灵活性而产生的一种增值业务。

IP-Centrex 的业务种类主要有：

（1）公用网上的所有基本业务及补充业务。

（2）Centrex 群外用户直拨群内分机。

（3）Centrex 群内用户拨群外用户时，先拨出群字冠后，可听或不听二次拨号音，再拨群外号码。

（4）可根据需要设置 Centrex 用户呼叫权限级别，包括群内呼出、群内呼入、群外呼出、群外呼入。

（5）Centrex 群内用户可拨话务台接入码或拨话务台分机号呼叫话务员。

（6）Centrex 话务员功能，包括排队呼叫、协助群内用户拨外线或将外线来话转群内分机、夜服功能、在遇被叫用户忙时进行插入及强拆。

（7）话务台对群内用户的呼叫权限进行修改。

（8）按时间限制呼叫组：可以限制某个 Centrex 群在固定的几段时间内的呼入/呼出权限。

（9）群内呼叫计费：一般群内短号呼叫属于免费，在现实运用中，也可以对 WAC 广域 Centrex 群之类的业务进行计费。

例如，某集团用户向运营商申请 IP-Centrex 业务，要求将其所有的 ESL 用户、SIP 用户、H. 323 用户、U-Path、OpenEye 等全部加入 Centrex 群，其接入组网示意图如图 3-4-1 所示。

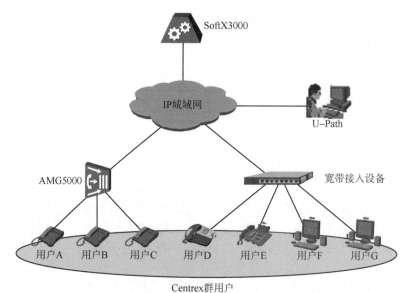

图 3-4-1　某集团用户的接入组网示意图

IP-Centrex 业务有如下几个重要概念。

Centrex 群号：每个 Centrex 群包含多个用户，每个 Centrex 群具有唯一的群号，群号由网管中心统一配置。同一局内不同的 Centrex 群不能指定相同的 Centrex 群号。

Centrex 群内分组：由网管中心统一配置，如 0 或 1。

长短号：每个 Centrex 用户有两个号码。长号的号长与非 Centrex 用户相同，群外的用户用长号来呼叫 Centrex 用户。短号用于 Centrex 群内用户之间的呼叫。

群内字冠：一般为 8，与用户号码后 3 位组成 4 位短号，如用户号码为 85300001，群内字冠为 8，用户短号就是 8001。

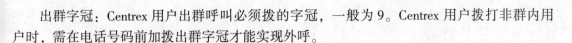

出群字冠：Centrex 用户出群呼叫必须拨的字冠，一般为 9。Centrex 用户拨打非群内用户时，需在电话号码前加拨出群字冠才能实现外呼。

3.4.3.2　业务组网示例

图 3-4-2（a）是 IP-Centrex 业务的一种典型组网形式，图 3-4-2（b）是详细化了部分组网参数的简图。

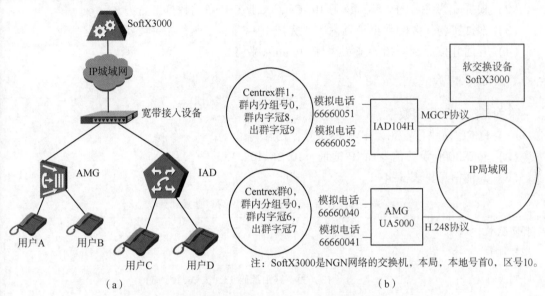

图 3-4-2　IP-Centrex 业务的组网示意图

3.4.3.3　组网连接方式

与上述业务组网示意图相对应的连接简图如图 3-4-3 所示。

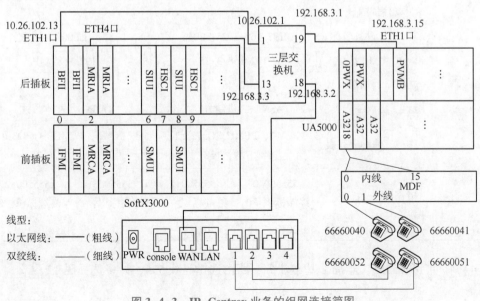

图 3-4-3　IP-Centrex 业务的组网连接简图

3.4.4 任务实施

3.4.4.1 工作步骤

（1）完成组网简图的连接。

（2）根据配置练习的步骤，练习 IP-Centrex 业务开通的数据配置方法。

（3）根据实验任务的数据规划内容，完成 IP-Centrex 业务相关设备的数据配置。

（4）开通并按照调测指导来调测 IP-Centrex 业务。

3.4.4.2 数据规划

下面是练习的规划数据。

（1）FCCU 模块号：30，IFMI 模块号：134。

（2）SoftX3000 设备信令面 IP 地址：10.26.102.13。

（3）其他信息见表 3-4-1。

表 3-4-1　IP-Centrex 业务练习数据规划

呼叫源本地号首集			5		
呼叫源码			13（另：路由源码 13，失败源码 13）		
计费源码			12		
Centrex 群		群号	4		5
		群内分组	0		0
		群内字冠	2		4
		出群字冠	3		5
	媒体网关	设备名称	192.168.3.25：2946		iad009.com
		IP 地址	192.168.3.25		192.168.3.171
		远端端口号	2946		2429
		协议编码类型	ASN（二进制方式）		ABNF（文本方式）
		编解码列表	PCMA，PCMU，G.723.1，G.729，T38		PCMA，PCMU，G.723.1，G.729，T38
	语音用户		55550040，终端标识：0	55550041，终端标识：1	55550051，终端标识：1	55550052，终端标识：2
	群内短号		2040	2041	4051	4052

（4）呼叫字冠 5555，本局，基本业务，路由选择码 65535，计费选择码 12。

3.4.4.3 配置练习

1. SoftX3000 侧数据配置

1）执行脱机操作

（1）脱机，同 2.3.4.3 节 1（1）。

（2）关闭格式转换开关，同 2.3.4.3 节 1（2）。

2）配置基础数据

基础数据包括硬件数据和本局、计费数据，是项目 2 任务 2.3 和任务 2.4 的学习内容，这里采用脚本的方式，用批处理方法执行（图 2-4-6）。"基础数据练习配置"脚本见二维码部分的附录 3。

3）增加呼叫源

输入 ADD CALLSRC 命令，增加呼叫源码 13，用于 Centrex 用户，其预收码位数为 1，如图 3-4-4 所示。

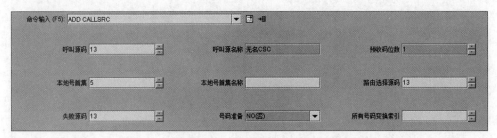

图 3-4-4 增加呼叫源

4）配置媒体网关

（1）输入 ADD MGW 命令，增加媒体网关。增加一个采用 H.248 协议的 AMG，设备标识为 192.168.3.25：2946，如图 3-4-5 所示。

图 3-4-5 增加 UA5000 媒体网关

 说明：

当 MG 采用 H.248 协议时，命令中的"设备标识"参数的格式为"IP 地址：端口号"，此处为 192.168.3.25：2946。

（2）输入 ADD MGW 命令，增加媒体网关。增加一个采用 MGCP 协议的 IAD，设备标识为 iad009.com，FCCU 模块号为 30，如图 3-4-6 所示。

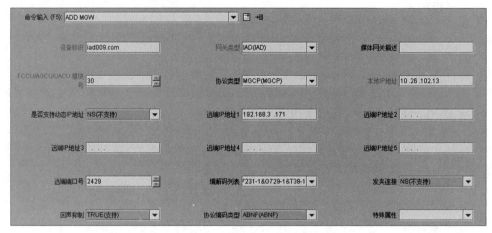

图 3-4-6　增加 IAD 媒体网关

 说明：

当 MG 采用 MGCP 协议时，命令中的"设备标识"为 IAD 域名，此处为 iad009.com。

5）配置 Centrex 数据

（1）输入 ADD CXGRP 命令，增加 Centrex 群，如图 3-4-7 所示。

图 3-4-7　增加 Centrex 群 4

（2）输入 ADD CXSUBGRP 命令，增加 Centrex 群内分组，如图 3-4-8 所示。

图 3-4-8　增加第 4 群内分组

（3）输入 ADD ICXPFX 命令，增加 Centrex 群内字冠，如图 3-4-9 所示。

（4）输入 ADD OCXPFX 命令，增加 Centrex 出群字冠，如图 3-4-10 所示。

（5）ADD CXGRP 增加 Centrex 群，如图 3-4-11 所示。

（6）输入 ADD CXSUBGRP 命令，增加 Centrex 群内分组，如图 3-4-12 所示。

（7）输入 ADD ICXPFX 命令，增加 Centrex 群内字冠，如图 3-4-13 所示。

图 3-4-9　增加第 4 群内字冠

图 3-4-10　增加第 4 群出群字冠

图 3-4-11　增加 Centrex 群 5

图 3-4-12　增加第 5 群内分组

图 3-4-13　增加第 5 群内字冠

（8）输入 ADD OCXPFX 命令，增加 Centrex 出群字冠，如图 3-4-14 所示。

图 3-4-14　增加第 5 群出群字冠

6）配置用户数据

（1）输入 ADB VSBR 命令，增加语音用户。批增 2 个 ESL 用户。起始用户号码为 55550040，结束用户号码为 55550041。如图 3-4-15 所示。

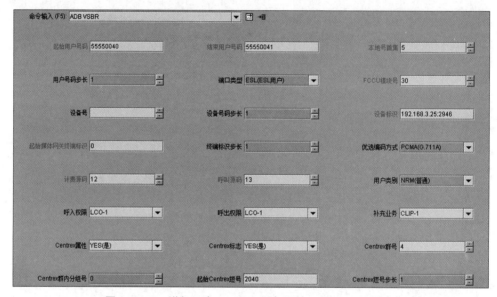

图 3-4-15　增加 2 个 UA5000 设备下的 IP-Centrex 用户

 说明：

对于 AMG 而言，由于需要增加大量的用户，为提高数据配置的效率，一般使用批增命令 ADB VSBR。

（2）输入 ADB VSBR 命令，增加语音用户。批增 2 个 ESL 用户，本地号首集 5，起始用户号码为 55550051，结束用户号码为 55550052，计费源码 12，呼叫源码 13，如图 3-4-16 所示。

7）配置号码分析数据

输入 ADD CNACLD 命令，增加呼叫字冠，如图 3-4-17 所示。

8）执行联机操作

（1）打开格式转换开关，同 2.3.4.3 节 3（1）。

（2）联机，同 2.3.4.3 节 3（2）。

2. IAD 设备侧数据配置

方法见 3.1.4.3 节 2。

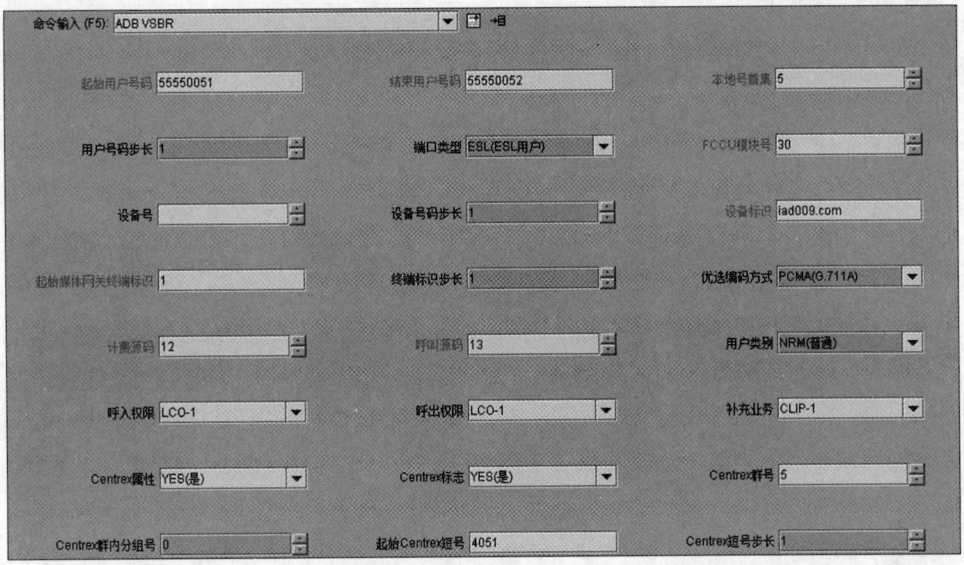

图 3-4-16　增加 2 个 IAD 设备下的 IP-Centrex 用户

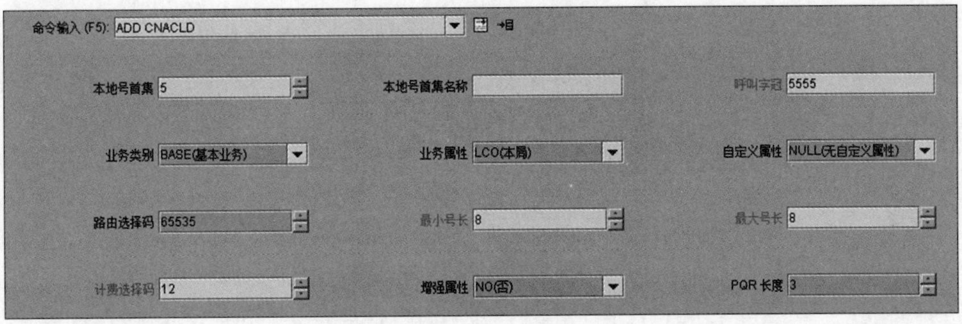

图 3-4-17　增加呼叫字冠

3. UA5000 设备侧数据配置

方法见 3.2.4.3 节 2。

3.4.4.4　实验任务

（1）根据任务规划数据完成组网简图（图 3-4-17）的连接。

（2）根据下面规划数据进行 SoftX3000 侧和 UA5000 设备侧、IAD 设备侧的配置，实现两个群用户间的群内互拨互通、出群互拨互通，并且各用户均开通 CID（来电显示）功能。

①FCCU 板模块号：22，IFMI 模块号：132。

②SoftX3000 信令面 IP 地址：10.26.102.13。

③其他信息见表 3-4-2。

表 3-4-2　IP-Centrex 业务任务数据规划

呼叫源本地号首集	0			
呼叫源码	2（另：路由源码2，失败源码2）			
计费源码	1			
Centrex 群	群号	0		1
	群内分组	0		0
	群内字冠	6		8
	出群字冠	7		9
	媒体网关 — 设备名称	192.168.3.15：2944		iad001.com
	IP 地址	192.168.3.15		192.168.3.151
	远端端口号	2944		2427
	协议编码类型	ABNF（文本方式）		ABNF（文本方式）
	编解码列表	PCMA，PCMU，G.723.1，G.729，T38		PCMA，PCMU，G.723.1，G.729，T38
	语音用户	66660040；终端标识：0；呼入、呼出权限：本局，本局；补充业务：主叫线识别提供	66660041，终端标识：1；呼入、呼出权限：本局，本局；补充业务：主叫线识别提供	66660051，终端标识：2；呼入、呼出权限：本局，本局；补充业务：主叫线识别提供	66660052，终端标识：3；呼入、呼出权限：本局，本局；补充业务：主叫线识别提供
	群内短号	6040	6041	8051	8052

④呼叫字冠 6666，本局，基本业务，路由选择码 65535，计费选择码 1。

⑤"基础数据配置"脚本见二维码部分的附录 3。

3.4.4.5　调测指导

先按照 3.1.4.5 节和 3.2.4.5 节介绍的方法检查两个媒体网关设备下的用户是否正常注册。正常的话，按下面步骤验证 Centrex 业务：

（1）群内电话短号互拨。如果互拨不正常，使用 LST VSBR 命令检查 Centrex 属性、Centrex 标志、Centrex 群号、Centrex 群内分组号、Centrex 短号等参数的配置是否正确，并使用 LST ICXPFX 命令检查群内字冠的定义是否正确。

（2）群内电话拨群外电话。如果互拨不正常，使用 LST OCXPFX 命令检查出群字冠的定义是否正确。

3.4.5 任务验收

根据任务规划数据完成组网简图（图3-4-18）的连接。

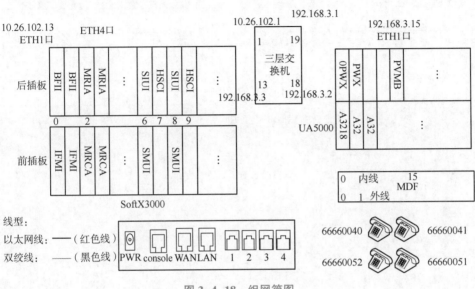

图 3-4-18 组网简图

填写工作任务单，见表3-4-3。

表 3-4-3 工作任务单

工作任务			
小组名称		工作成员	
工作时间		完成总时长	
工作任务描述			
小组分工	姓名	工作任务	

续表

任务执行结果记录			
序号	工作内容	完成情况	操作员
1			
2			
3			
4			
任务实施过程记录			

任务评价表见表3-4-4。

表3-4-4 任务评价表

评价类型	赋分	序号	具体指标	分值	得分		
					自评	组评	师评
职业能力	65	1	组网简图连接正确	15			
		2	数据配置内容完备、正确，电话互拨正常，无告警	45			
		3	陈述项目完成的思路、经过和遇到的问题，表达清晰	5			
职业素养	20	1	坚持出勤，遵守纪律	5			
		2	协作互助，解决难点	5			
		3	按照标准规范操作	5			
		4	持续改进优化	5			
劳动素养	15	1	按时完成，认真填写记录	5			
		2	保持工位卫生、整洁、有序	5			
		3	小组分工合理	5			

3.4.6　回顾与总结

总结反馈表见表3-4-5。

表3-4-5　总结反馈表

总结反思	
目标达成：知识□□□□□　能力□□□□□　素养□□□□□	
学习收获：	老师寄语：
问题反思：	签字：＿＿＿＿＿

问题与讨论：

（1）谈谈你在现实生活中接触到 IP-Centrex 业务。

（2）说出 IP-Centrex 用户呼叫本群用户的方法。

（3）说出 IP-Centrex 用户呼叫群外用户的方法，该方法需要区分群外用户是普通用户还是 IP-Centrex 用户吗？

任务 3.5　SoftX3000 局内国内、国际长途业务开通

3.5.1　任务描述

长途业务是通信网中的重要业务，基于 IP 分组交换技术的 NGN 软交换系统，理论上支持一台软交换机服务连接全球各地的用户，即支持局内国内长途、国际长途业务。本任务提供局内国内、国际长途业务的典型组网，组网连接方式，业务开通涉及的各设备侧的数据规划和配置指导，并给出工作任务，让读者在工程项目中"做中学"，掌握局内长途业务的组网和开通技能，加强对本地号首、呼叫字冠、号码分析等概念的理解与应用能力。

本任务的具体要求是：

（1）完成局内国内、国际长途业务典型组网简图连接。

（2）根据数据规划，完成局内国内、国际长途业务开通的数据配置。

（3）验证局内国内、国际长途业务。

3.5.2 学习目标和实验器材

学习完该任务，您将能够：

(1) 掌握局内国内、国际长途业务典型组网方法。

(2) 掌握局内国内、国际长途业务开通的数据配置流程、命令，知晓相关注意事项。

(3) 根据数据规划，完成局内国内、国际长途业务开通的数据配置和业务调测。

实验器材：SoftX3000 设备、BAM 服务器、二层交换机、三层交换机、UA5000 设备、IAD104H、SIP 软终端、模拟话机、华为 LMT 本地维护终端软件、e-Bridge 软件、计算机等。

3.5.3 知识准备

3.5.3.1 知识回顾

全局号首集是具有全局意义的号首的集合，主要用于标识不同的网络，如公网和私网。

本地号首集用于在一个网络内标识不同的本地网。

同一号首集（相同的国家、国内区号）下用户互拨，需定义本局呼叫字冠，一般为用户号码的前 4 位。

同局不同的国家（号首集一定不同）间用户互拨，需定义局内国际长途呼叫字冠，一般定义为 00。

同局号首集不同的地区间用户互拨，需定义局内国内长途呼叫字冠，一般定义为 0。

呼叫源码必须本局唯一，呼叫源只能属于某一个本地号首集。

目的码计费方式比较常用，它依据"计费选择码"与"主叫方计费源码"对应到一种计费方式。

计费情况必须本局唯一。

3.5.3.2 组网示例

图 3-5-1 所示是一个局内国内、国际长途业务的组网示意图。

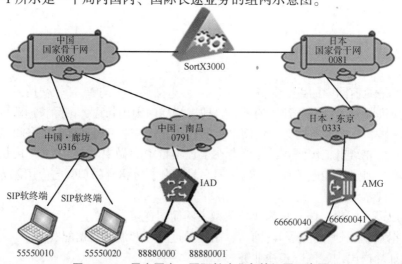

图 3-5-1　局内国内、国际长途业务的组网示意图

3.5.3.3　组网连接方式

与上述业务组网示意图相对应的连接简图如图 3-5-2 所示。

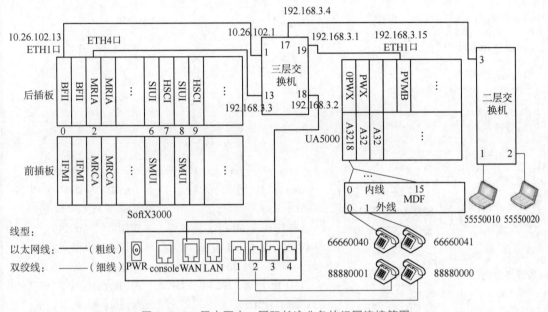

图 3-5-2　局内国内、国际长途业务的组网连接简图

3.5.4　任务实施

3.5.4.1　工作步骤

(1) 完成组网简图的连接。

(2) 根据配置方法的步骤，完成 SoftX3000 侧局内国内、国际长途业务的开通配置。

(3) 根据 SIP 软终端的配置指导，完成 SIP 软终端侧的配置。

(4) 开通并按照调测指导来调测局内长途业务。

3.5.4.2　数据规划

下面是本任务的规划数据。

(1) FCCU 模块号：22，IFMI 模块号：132。

(2) SoftX3000 信令面 IP 地址：10.26.102.13。

(3) MSGI 模块号：211，SIP 协议端口：5061。

(4) 其他信息见表 3-5-1。

表 3-5-1　局内国内、国际长途业务数据规划

本地号首集	0	1	2
国家码	中国：86	中国：86	日本：81
国内区号	廊坊：316	南昌：791	东京：333
呼叫源	0	1	2
路由选择源码	0	1	2
失败源码	0	1	2
计费情况	0		
计费源码	0	1	2
计费选择码	0	1	2
媒体网关或者多媒体设备	多媒体设备 1：55550010，EID 认证密码：55550010 多媒体设备 2：55550020，EID 认证密码：55550020	IAD 媒体网关设备：iad001.com 控制协议：MGCP，协议编码类型：文本，IFMI 板 IP 地址：10.26.102.13 IAD IP 地址：192.168.3.151，远端端口：2427 编解码列表：PCMA，PCMU，G.723.1，G.729，G.726，T38	UA5000 媒体网关设备：192.168.3.15：2944 控制协议：H.248 协议编码类型：文本 IFMI 板 IP 地址：10.26.102.13 AG IP 地址：192.168.3.15，远端端口：2944 编解码列表：PCMA，PCMU，G.723.1，G.729，G.726，T38
用户号码 1	55550010；呼入、呼出权限：本局、局内国内长途、局内国际长途；补充业务：主叫线识别提供	88880000，终端标识：1；呼入、呼出权限：本局、局内国内长途、局内国际长途；补充业务：主叫线识别提供	66660040，终端标识：0；呼入、呼出权限：本局、局内国内长途、局内国际长途；补充业务：主叫线识别提供
用户号码 2	55550020；呼入、呼出权限：本局、局内国内长途、局内国际长途；补充业务：主叫线识别提供	88880001，终端标识：2；呼入、呼出权限：本局、局内国内长途、局内国际长途；补充业务：主叫线识别提供	66660041，终端标识：1；呼入、呼出权限：本局、局内国内长途、局内国际长途；补充业务：主叫线识别提供
本局呼叫字冠	5555	8888	6666
局内国内长途呼叫字冠	0	0	0
局内国际长途呼叫字冠	00	00	00

（5）计费情况规划。

计费情况：0，无 CRG 计费，集中计费，主叫付费，详细话单。

（6）计费方式规划。

采用目的码计费方式，所有业务，所有话单类型，所有编码类型。见表 3-5-2。

表 3-5-2 任务的目的码计费表

呼叫关系	主叫方计费源码	计费选择码	计费情况
廊坊用户群群内呼叫	0	0	0
廊坊用户群局内国内长途	0	1	0
廊坊用户群局内国际长途呼叫	0	2	0
南昌用户群群内呼叫	1	1	0
南昌用户群局内国内长途	1	0	0
南昌用户群局内国际长途呼叫	1	2	0
日本东京用户群群内呼叫	2	2	0
日本东京用户群局内国内长途	2	0	0
日本东京用户群局内国际长途	2	1	0

3.5.4.3 配置练习

1. SoftX3000 侧数据配置

1）执行脱机操作

（1）脱机，同 2.3.4.3 节 1（1）。

（2）关闭格式转换开关，同 2.3.4.3 节 1（2）。

2）配置硬件数据

硬件数据配置是任务 2.3 的学习内容，这里采用脚本的方式，用批处理方法执行（图 2-4-6）。"硬件数据配置"脚本见二维码部分的附录 3。

3）配置本局信息与廊坊、南昌用户群数据、计费数据

（1）输入 SET OFI 命令，设置本局信息，本局信令点编码为 333333（国内网），时区索引：0，如图 3-5-3 所示。

（2）输入 ADD DMAP 命令，增加数图。

增加 H.248 协议和 MGCP 协议的数图，方法如图 2-4-8 和图 2-4-9 所示。

（3）输入 ADD LDNSET 命令，增加本地号首集 0，国家地区码为 86，国内长途区号为 316，如图 3-5-4 所示。

（4）输入 ADD LDNSET 命令，增加本地号首集 1，国家地区码为 86，国内长途区号为 791，如图 3-5-5 所示。

（5）输入 ADD CALLSRC 命令，增加呼叫源。呼叫源码必须本局唯一。呼叫源码 0，用于廊坊用户群，其预收码位数为 3，路由选择源码 0，失败源码 0，如图 3-5-6 所示。

（6）输入 ADD CALLSRC 命令，增加呼叫源。呼叫源码 1，用于南昌用户群，其预收码

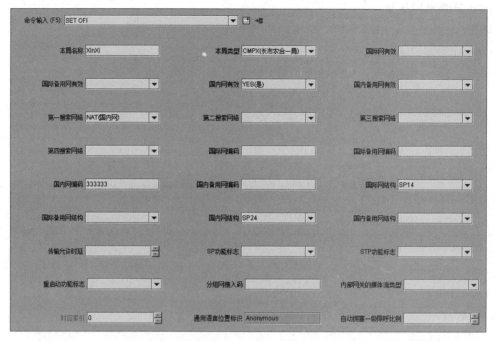

图 3-5-3 设置本局信息

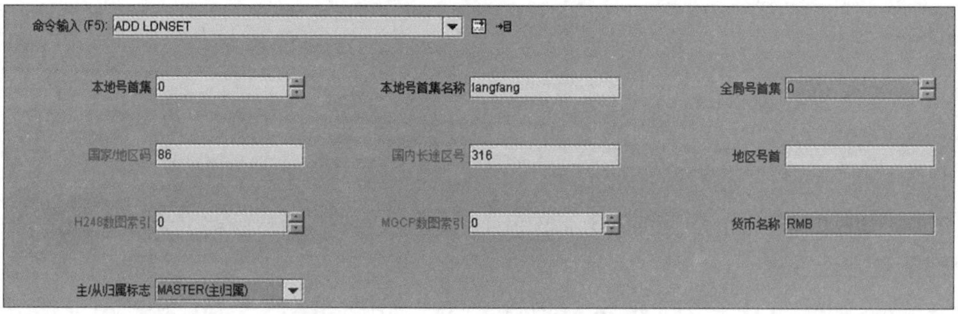

图 3-5-4 增加廊坊本地号首集

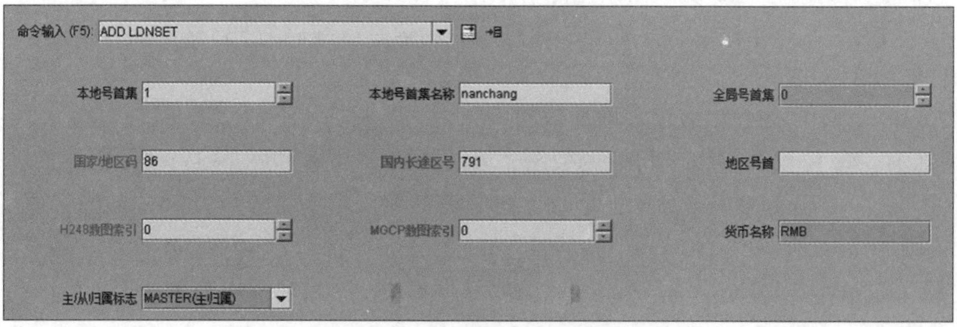

图 3-5-5 增加南昌本地号首集

位数为 3，路由选择源码 1，失败源码 1，如图 3-5-7 所示。

图 3-5-6 增加呼叫源 0

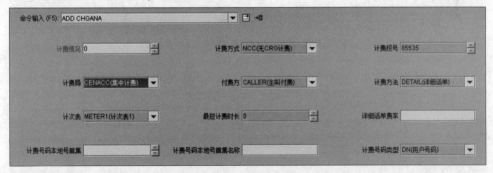

图 3-5-7 增加呼叫源 1

 说明：

普通用户的预收号码位数通常设为 3。

（7）输入 ADD CHGANA 命令，增加计费情况。计费情况必须本局唯一。增加计费情况 0，采用详细话单的计费方式，如图 3-5-8 所示。

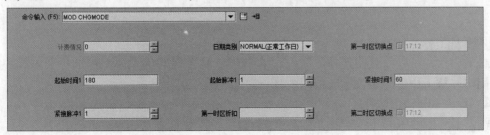

图 3-5-8 增加计费情况 0

（8）输入 MOD CHGMODE 命令，定义计费情况 0 的收费模式，如图 3-5-9 所示。

图 3-5-9 定义计费情况 0 的收费模式

139

（9）输入 ADD CHGIDX 命令，增加计费选择码 0、主叫计费源码 0 的目的码计费索引，如图 3-5-10 所示。

图 3-5-10　增加目的码计费索引 1

（10）输入 ADD CHGIDX 命令，增加计费选择码 0、主叫计费源码 1 的目的码计费索引，如图 3-5-11 所示。

图 3-5-11　增加目的码计费索引 2

（11）输入 ADD CHGIDX 命令，增加计费选择码 1、主叫计费源码 0 的目的码计费索引，如图 3-5-12 所示。

图 3-5-12　增加目的码计费索引 3

（12）输入 ADD CHGIDX 命令，增加计费选择码 1、主叫计费源码 1 的目的码计费索引，如图 3-5-13 所示。

图 3-5-13　增加目的码计费索引 4

 说明：

目的码计费是以"计费选择码"与"主叫方计费源码"为主要判据的计费方式，用于本局用户（或入中继）在发起呼叫时的计费。

4）配置 SIP 协议数据

（1）输入 SET SIPCFG 命令，设置 SIP 协议全局配置信息，如图 3-5-14 所示。

图 3-5-14 设置 SIP 协议全局配置信息

（2）输入 SET SIPLP 命令，设置处理 SIP 协议 MSGI 板（模块号为 211）的本地端口号，如图 3-5-15 所示。

图 3-5-15 设置 MSGI 板的本地端口号

5）配置廊坊用户群多媒体设备和用户

（1）输入 ADD MMTE 命令，增加多媒体设备。增加廊坊用户群的 2 个采用 SIP 协议的多媒体设备，如图 3-5-16 和图 3-5-17 所示。

图 3-5-16 增加多媒体设备 55550010

图 3-5-17 增加多媒体设备 55550020

注意：设备标识和认证密码配置一致。

 说明：

命令中的"设备标识"参数相当于 SIP 协议的注册用户名，"认证密码"相当于 SIP 协议的注册密码。

（2）输入 ADD MSBR 命令，增加多媒体用户。增加廊坊用户群的 2 个 SIP 用户，呼入、呼出权限：本局、局内国内长途、局内国际长途，如图 3-5-18 和图 3-5-19 所示。

图 3-5-18　增加多媒体用户 55550010

图 3-5-19　增加多媒体用户 55550020

6）配置南昌用户群媒体网关设备和用户

（1）输入 ADD MGW 命令，增加媒体网关。增加一个采用 MGCP 协议的 IAD，设备标识为 iad001.com，FCCU 模块号为 22，如图 3-5-20 所示。

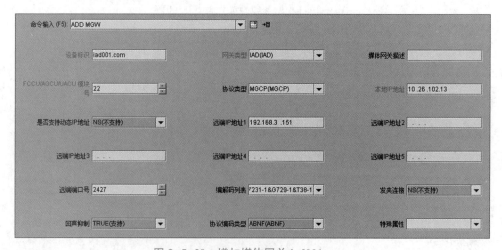

图 3-5-20　增加媒体网关 iad001.com

（2）输入 ADB VSBR 命令，增加语音用户。批增 2 个 ESL 用户。本地号首集 1，起始用户号码为 88880000，结束用户号码为 88880001，计费源码 1，呼叫源码 1。呼入、呼出权限：本局、局内国内长途、局内国际长途，如图 3-5-21 所示。

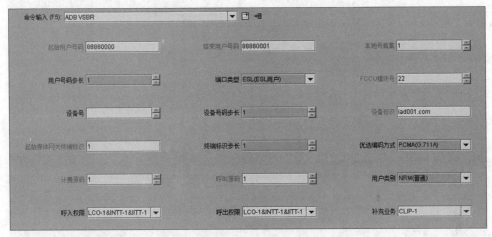

图 3-5-21　批增南昌用户

7）配置中国侧号码分析数据

（1）输入 ADD CNACLD 命令，增加呼叫字冠 5555，本地号首集 0，如图 3-5-22 所示。

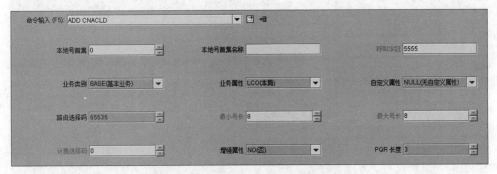

图 3-5-22　增加廊坊用户本局呼叫字冠

（2）输入 ADD CNACLD 命令，增加呼叫字冠 8888，本地号首集 1，如图 3-5-23 所示。

图 3-5-23　增加南昌用户本局呼叫字冠

（3）输入 ADD CNACLD 命令，增加呼叫字冠 0，本地号首集 0，如图 3-5-24 所示。

图 3-5-24 增加廊坊用户群局内国内长途字冠

（4）输入 ADD CNACLD 命令，增加呼叫字冠 0，本地号首集 1，如图 3-5-25 所示。

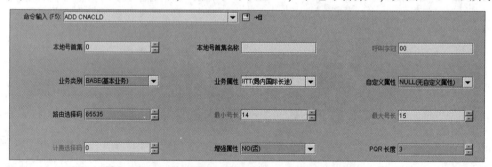

图 3-5-25 增加南昌用户群局内国内长途字冠

（5）输入 ADD CNACLD 命令，增加呼叫字冠 00，本地号首集 0，如图 3-5-26 所示。

图 3-5-26 增加廊坊用户群局内国际长途字冠

（6）输入 ADD CNACLD 命令，增加呼叫字冠 00，本地号首集 1，如图 3-5-27 所示。

图 3-5-27 增加南昌用户群局内国际长途字冠

8）配置日本东京用户群、计费信息

（1）输入 ADD PFXTOL 命令，增加长途字冠描述。全局号首集为 0，国家/地区码为 81，国内长途字冠 0，国际长途字冠 00；中国的长途字冠描述在 BAM 服务器系统初始化时有缺省配置，本任务不需要配置，如图 3-5-28 所示。

图 3-5-28　增加日本国家长途字冠描述

（2）输入 ADD ACODE 命令，增加国内长途区号。全局号首集为 0，国家/地区码为 81，国内长途区号为 333，城市名：DongJing，行政区号：1；同样，中国的国内长途区号在系统初始化时有缺省配置，不需要配置，如图 3-5-29 所示。

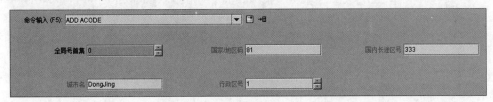

图 3-5-29　增加东京国内长途区号

（3）输入 ADD LDNSET 命令，增加本地号首集。本地号首集为 2，国家/地区码为 81，国内长途区号为 333，如图 3-5-30 所示。

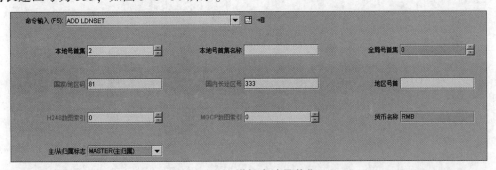

图 3-5-30　增加本地号首集 2

（4）输入 ADD CALLSRC 命令，增加呼叫源 2。呼叫源码必须本局唯一。呼叫源码 2，用于日本东京用户群，其预收码位数为 3，路由选择源码为 2，失败源码为 2，如图 3-5-31 所示。

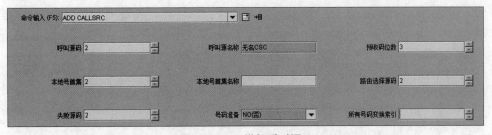

图 3-5-31　增加呼叫源 2

（5）输入 ADD CHGIDX 命令，增加计费选择码 2、主叫计费源码 2 的目的码计费索引，如图 3-5-32 所示。

图 3-5-32　增加目的码计费索引 5

（6）输入 ADD CHGIDX 命令，增加计费选择码 2、主叫计费源码 0 的目的码计费索引，如图 3-5-33 所示。

图 3-5-33　增加目的码计费索引 6

（7）输入 ADD CHGIDX 命令，增加计费选择码 2、主叫计费源码 1 的目的码计费索引，如图 3-5-34 所示。

图 3-5-34　增加目的码计费索引 7

（8）输入 ADD CHGIDX 命令，增加计费选择码 0、主叫计费源码 2 的目的码计费索引，如图 3-5-35 所示。

图 3-5-35　增加目的码计费索引 8

（9）输入 ADD CHGIDX 命令，增加计费选择码 1、主叫计费源码 2 的目的码计费索引，如图 3-5-36 所示。

图 3-5-36　增加目的码计费索引 9

9）配置东京用户群媒体网关设备和用户

（1）输入 ADD MGW 命令，增加媒体网关，这里采用 UA5000 媒体网关。增加一个采用 H.248 协议的 AMG，设备标识为 192.168.3.15：2944，FCCU 模块号为 22，如图3-5-37 所示。

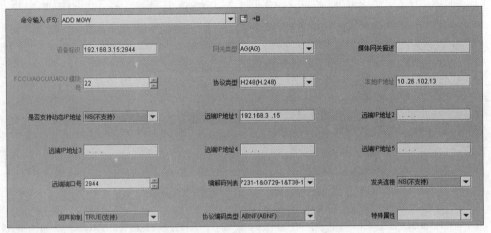

图 3-5-37　增加 UA5000 媒体网关

 说明：

当 MG 采用 H.248 协议时，命令中的"设备标识"参数的格式为"IP 地址：端口号"，此处为 192.168.3.15：2944。

（2）输入 ADB VSBR 命令，增加语音用户。批增 2 个 ESL 用户。本地号首集 2，起始用户号码为 66660040，结束用户号码为 66660041，计费源码为 2，呼叫源码为 2。呼入、呼出权限：本局、局内国内长途、局内国际长途，如图 3-5-38 所示。

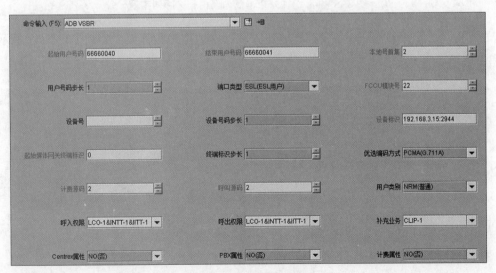

图 3-5-38　配置东京用户

说明：

对于 AMG 而言，由于需要增加大量的用户，为提高数据配置的效率，一般使用批增命令 ADB VSBR。

10）配置日本侧号码分析数据

（1）输入 ADD CNACLD 命令，增加呼叫字冠 6666，本地号首集 2，如图 3-5-39 所示。

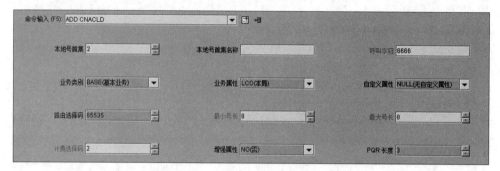

图 3-5-39　增加东京群本局呼叫字冠

（2）输入 ADD CNACLD 命令，增加呼叫字冠 0，本地号首集 2，如图 3-5-40 所示。

图 3-5-40　增加东京群局内国内长途呼叫字冠

（3）输入 ADD CNACLD 命令，增加呼叫字冠 00，本地号首集 2，如图 3-5-41 所示。

图 3-5-41　增加东京群局内国际长途呼叫字冠

11）执行联机操作

（1）打开格式转换开关，同 2.3.4.3 节 3（1）。

（2）联机，同 2.3.4.3 节 3（2）。

148

2. IAD 设备侧数据配置

方法参考 3.1.4.3 节 2。

3. UA5000 设备侧数据配置

方法参考 3.2.4.3 节 2。

4. 华为 eSpace SoftPhone 设备数据配置

（1）打开软终端，单击左下角的"高级配置"，如图 3-5-42 所示。

图 3-5-42 eSpace 启动界面

（2）登录服务器设置，如图 3-5-43 所示。

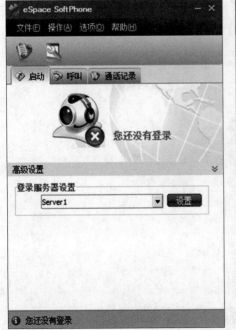

图 3-5-43 登录服务器设置界面

（3）账户登录。输入账户、密码，单击"登录"按钮，如图 3-5-44 所示。账号和密码均为 55550010 或者 55550020。

图 3-5-44　账号登录界面

（4）拨打电话，如图 3-5-45 所示。

图 3-5-45　电话呼叫界面

3.5.4.4 调测指导

先按照 3.1.4.5、3.2.4.5 和 3.3.4.5 节介绍的方法检查两个媒体网关设备下的用户，以及 SIP 软终端用户是否正常注册。正常的话，按下面步骤验证局内国内、国际长途业务：

（1）拨打局内市话，如果互拨不正常，使用 LST CNACLD 命令检查本局呼叫字冠、路由选择码、业务属性配置是否正确。

（2）拨打局内国内长途，如果互拨不正常，使用 LST CNACLD 命令检查各本地号首集下的局内国内长途呼叫字冠、路由选择码、业务属性配置是否正确。

（3）拨打局内国际长途。如果互拨不正常，使用 LST CNACLD 命令检查各本地号首集下的局内国际长途呼叫字冠、路由选择码、业务属性配置是否正确。

3.5.5 任务验收

根据任务规划数据完成组网简图（图 3-5-46）的连接。

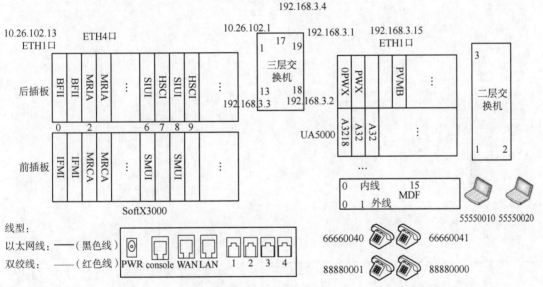

图 3-5-46 组网简图

填写工作任务单，见表 3-5-3。

表 3-5-3 工作任务单

工作任务			
小组名称		工作成员	
工作时间		完成总时长	
工作任务描述			

小组分工	姓名	工作任务	

	任务执行结果记录		
序号	工作内容	完成情况	操作员
1			
2			
3			
4			
	任务实施过程记录		

任务评价表见表 3-5-4。

表 3-5-4 任务评价表

评价类型	赋分	序号	具体指标	分值	得分		
					自评	组评	师评
职业能力	65	1	组网简图连接正确	15			
		2	数据配置内容完备、正确,电话互拨正常,无告警	45			
		3	陈述项目完成的思路、经过和遇到的问题,表达清晰	5			

续表

评价类型	赋分	序号	具体指标	分值	得分		
					自评	组评	师评
职业素养	20	1	坚持出勤，遵守纪律	5			
		2	协作互助，解决难点	5			
		3	按照标准规范操作	5			
		4	持续改进优化	5			
劳动素养	15	1	按时完成，认真填写记录	5			
		2	保持工位卫生、整洁、有序	5			
		3	小组分工合理	5			

3.5.6　回顾与总结

总结反馈表见表 3-5-5。

表 3-5-5　总结反馈表

总结反思	
目标达成：知识□□□□□　能力□□□□□　素养□□□□□	
学习收获：	老师寄语：
问题反思：	
	签字：＿＿＿＿＿＿

问题与讨论：

（1）国际长途和国内长途号码由哪几部分组成？

（2）局内国内、国际长途业务的配置与国内、国际长途业务的配置有哪些不同？

任务 3.6　呼叫中心业务开通

3.6.1　任务描述

呼叫中心业务是通信网中一项必不可少的业务。本任务提供业务典型组网、组网连接方式、业务开通涉及的各设备数据规划和配置指导，并给出工作任务，让读者在工程项目中"做中学"，掌握呼叫中心业务的组网和开通技能，加强对呼叫中心业务的理解与应用能力。

本任务的具体要求是：

（1）完成呼叫中心业务典型组网简图连接。

（2）根据数据规划，完成"120"等呼叫中心业务相关各设备的数据配置。

（3）验证呼叫中心业务。

3.6.2　学习目标和实验器材

学习完该任务，您将能够：

（1）掌握呼叫中心业务典型组网方法。

（2）掌握呼叫中心业务开通的数据配置流程、命令，知晓相关注意事项。

（3）根据数据规划，完成呼叫中心业务开通的数据配置和业务调测。

实验器材：SoftX3000 设备、BAM 服务器、二层交换机、三层交换机、UA5000、SIP 软终端、模拟话机、华为 LMT 本地维护终端软件、e-Bridge 软件、计算机等。

3.6.3　知识准备

3.6.3.1　业务介绍

热线、客服、紧急呼叫如 110/120 等，均属于呼叫中心业务（图 3-6-1）。也即 NGN 软交换系统的 PBX 业务。

图 3-6-1　呼叫中心业务

呼叫中心功能主要用于企业、公司、银行等集团用户的客户服务热线，也可用于火警、匪警等特服台。例如，匪警中心共设有 20 个接线员座席，各接线员使用不同的电话号码，使用呼叫中心功能，匪警中心只需对外公布一个特服号码 110（称为 PBX 引示号）即可，而不需要公布所有的 20 个电话号码。

当某用户拨打该 PBX 引示号时，SoftX3000 的呼叫处理软件将自动选择一个空闲的接线员接通本次呼叫；如果话务员全忙，则系统还可提供排队功能（如播放语音或音乐让主叫用户保持在线），一旦某个接线员空闲，系统将按照顺序首先接通最早进入排队序列的主叫用户。

SoftX3000 支持 ESL、V5、SIP、H. 323、SoftPhone 等多种终端类型，根据实际需求，操作员可以将若干终端加入一个 PBX 用户群，并为这个 PBX 用户群分配一个 PBX 引示号。该用户群就能对外提供呼叫中心业务。

和特服业务相关的紧急呼叫字冠是指 110、119、120、122 等特服业务的呼叫字冠，在配置此类呼叫字冠时，应充分考虑以下要求：

（1）不能更改用户的拨号方式，即直接拨打 110、119 等字冠。

（2）在任何情况下，拨打此类字冠时，应不受呼出限制。

（3）系统对此类呼叫采用被叫控制释放方式。

（4）为防止用户误拨此类字冠，端局在接通被叫用户前应有振铃延迟。

为满足在任意情况下均能够拨打 110、119、120、122 等字冠，操作员必须将命令中的"紧急呼叫逾越标志"参数设为"Yes"，这样，当维护人员对普通用户进行欠费停机、呼叫权限限制等操作时，普通用户仍然能够拨打"110"等字冠。

3.6.3.2　组网示例

图 3-6-2 所示是一个 IP-Centrex 业务开通的组网示意图。

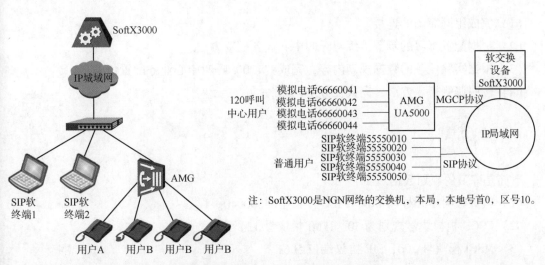

图 3-6-2　呼叫中心业务的组网示意图

3.6.3.3 组网连接方式

与上述业务组网示意图相对应的连接简图如图 3-6-3 所示。

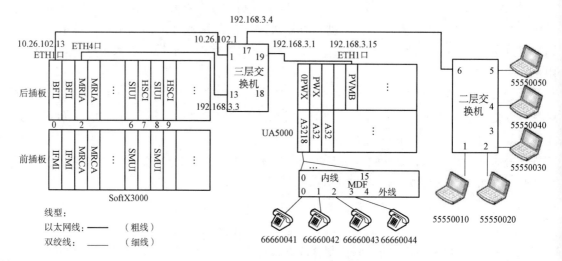

图 3-6-3　呼叫中心业务的组网连接简图

3.6.4 任务实施

3.6.4.1 工作步骤

（1）完成组网简图的连接。

（2）根据配置练习的步骤，练习呼叫中心业务配置方法。

（3）根据实验任务的数据规划内容，完成"120"呼叫中心业务配置任务。

（4）按照调测指导方法，完成任务的调测。

3.6.4.2 数据规划

下面是练习的规划数据。

（1）紧急呼叫中心号码 110，PBX 引示号 85300040。

（2）FCCU 板模块号规划为 30，IFMI 模块号 134。

（3）MSGI 模块号 200，SIP 协议端口 5061。

（4）对 SoftX3000 与 SIP 软终端、AMG 之间主要对接参数进行规划，见表 3-6-1。

表 3-6-1　SoftX3000 与 SIP 软终端、AMG 对接参数规划

本地号首集	5	
呼叫源	12（另：失败源码 12，路由选择源码 12）	
计费源码	12	
媒体网关或者多媒体设备	多媒体设备 1：33330010，EID 认证密码：33330010 多媒体设备 2：33330020，EID 认证密码：33330020 多媒体设备 3：33330030，EID 认证密码：33330030 多媒体设备 4：33330040，EID 认证密码：33330040 多媒体设备 5：33330050，EID 认证密码：33330050 编解码列表：PCMA，PCMU，G.723.1，G.729，G.726，T38	AG 媒体网关设备：192.168.3.10：2946 控制协议：H.248 协议编码类型：ASN（二进制） IFMI 板 IP 地址：10.26.102.13，AG IP 地址：192.168.3.10，远端端口：2946 编解码列表：PCMA，PCMU，G.723.1，G.729，G.726，T38
用户号码 1	33330010（普通用户），计费源码：12；呼叫源码：12；呼入权限：本局；呼出权限：本局；补充业务：主叫线识别提供	85300040（普通用户号码，作为 PBX 引示号），终端标识：0，呼入权限：本局；呼出权限：本局；补充业务：主叫线识别提供
用户号码 2	33330020（普通用户），其他同上	85300041（呼叫中心用户），终端标识：1，其他同上
用户号码 3	33330030（普通用户），其他同上	85300042（呼叫中心用户），终端标识：2，其他同上
用户号码 4	33330040（普通用户），其他同上	85300043（呼叫中心用户），终端标识：3，其他同上
用户号码 5	33330050（普通用户），其他同上	85300044（呼叫中心用户），终端标识：4，其他同上
本局呼叫字冠	3333	8530

（5）呼叫字冠 8530、3333 和 110，本局，基本业务，路由选择码 65535，计费选择码 12。

3.6.4.3　配置练习

1. SoftX3000 侧数据配置

1）执行脱机操作

（1）脱机，同 2.3.4.3 节 1（1）。

（2）关闭格式转换开关，同 2.3.4.3 节 1（2）。

2）配置基础数据

基础数据包括硬件数据和本局、计费数据，是任务 2.3 和任务 2.4 的学习内容，这里采用脚本的方式，用批处理方法执行（图 2-4-6）。"基础数据练习配置"脚本见二维码部分的附录 3。

3）增加媒体网关

输入 ADD MGW 命令，增加媒体网关。增加一个采用 H.248 协议的 AMG，192.168.3.10：2946，FCCU 模块号 30，协议编码类型：ASN（二进制），如图 3-6-4 所示。

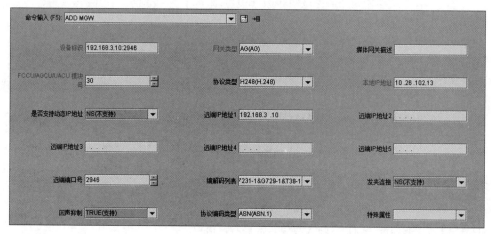

图 3-6-4　增加媒体网关

📖 说明：

当 MG 采用 H.248 协议时，命令中的"设备标识"参数的格式为"IP 地址：端口号"，此处为 192.168.3.10：2946。

4）配置 SIP 协议数据

（1）输入 SET SIPCFG 命令，设置 SIP 协议全局配置信息，如图 3-6-5 所示。

图 3-6-5　设置 SIP 协议全局配置信息

（2）输入 SET SIPLP 命令，设置 MSGI 板的本地端口号，如图 3-6-6 所示。

图 3-6-6　设置 MSGI 板的本地端口号

5）配置多媒体设备

输入 ADD MMTE 命令，增加多媒体设备，增加 5 个采用 SIP 协议的多媒体设备，设备标识 33330010~33330050，FCCU 模块号 30，IFMI 模块号 134，如图 3-6-7~图 3-6-11 所示。注：设备标识和认证密码一致。

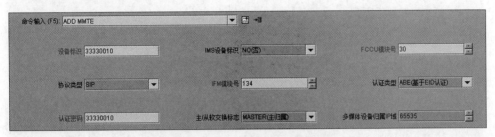

图 3-6-7　增加多媒体设备 33330010

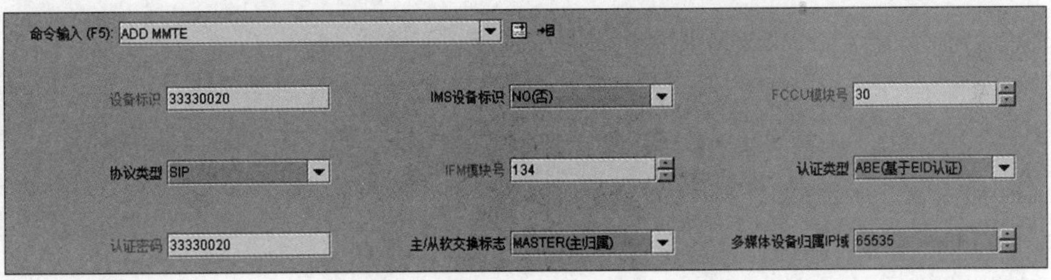

图 3-6-8　增加多媒体设备 33330020

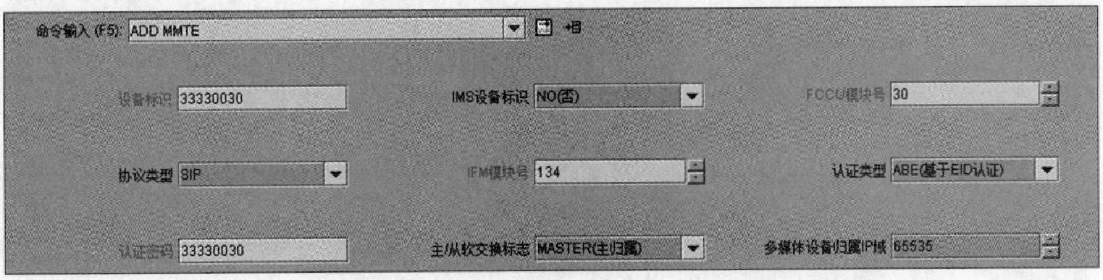

图 3-6-9　增加多媒体设备 33330030

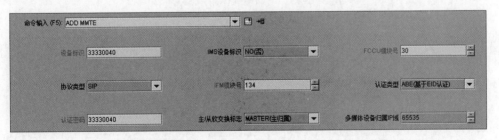

图 3-6-10　增加多媒体设备 33330040

6）配置普通用户数据

（1）输入 ADD MSBR 命令，增加多媒体用户。增加 5 个 SIP 用户。号码为 33330010~33330050，如图 3-6-12~图 3-6-16 所示。

图 3-6-11 增加多媒体设备 33330050

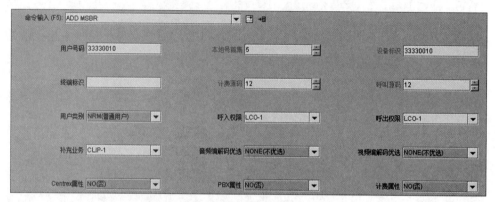

图 3-6-12 增加多媒体用户 33330010

图 3-6-13 增加多媒体用户 33330020

图 3-6-14 增加多媒体用户 33330030

图 3-6-15　增加多媒体用户 33330040

图 3-6-16　增加多媒体用户 33330050

（2）输入 ADD VSBR 命令，增加语音用户。增 1 个 ESL 用户，用作 PBX 引示号。本地号首集 5，用户号码为 85300040，计费源码 12，呼叫源码 12，如图 3-6-17 所示。

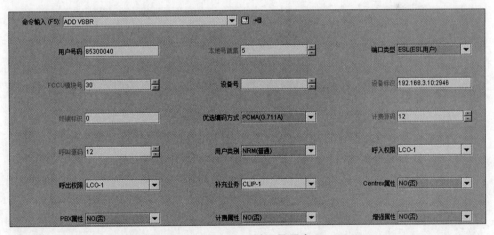

图 3-6-17　增加 PBX 引示号用户 85300040

7）配置 PBX 数据

（1）输入 ADD PBX 命令，增加 PBX 用户群。PBX 引示号为 85300040，本地号首集为 5，排队标志 YES 表示接线员全忙时，呼入号码自动排队，话务台标志 NO 表示该 PBX 群用户可以为任意类型的用户。选线方式 MIN 指示系统总是从最小的设备号开始选择 PBX 用户，如图 3-6-18 所示。

图 3-6-18　增加 PBX 用户群

 说明：

● PBX 引示号是占用号码资源的电话号码。

● PBX 引示号可以是一个在用户数据表中已经存在的号码，即该号码是操作员通过 ADD VSBR、ADD MSBR、ADD BRA、ADB VSBR、MOB VSBR 等命令预先定义的有效的用户号码。此时，该 PBX 引示号将不仅是一个接入码，还具有普通用户的所有属性（例如，可以拥有 Centrex 短号）。

● PBX 引示号也可以是一个在用户数据表中不存在的号码。此时，该 PBX 引示号将仅是一个接入码，而且操作员在 ADD VSBR、ADD MSBR、ADD BRA、ADB VSBR、MOB VSBR 等命令中不能将该 PBX 引示号再次定义为一个普通用户号码。

注：要实现所有 PBX 用户同时振铃，必须将 PBX 引示号配置成一个实际的用户号码，该号码是操作员通过 ADD VSBR、ADD MSBR 或 ADD BRA 命令预先定义的有效的用户号码。

（2）输入 ADD DNC 命令，增加号码变换索引数据，号码变换索引 1，号码变换类型为修改号码，新号码为 85300040，如图 3-6-19 所示。

图 3-6-19　增加号码变换索引

（3）输入 ADD CNACLD 命令，增加呼叫字冠。呼叫字冠为 110，本地号首集 5，业务属性为本局，最小号长为 3，最大号长为 3，计费选择码为 12，如图 3-6-20 所示。

图 3-6-20　增加 110 呼叫字冠

说明：

● 本地号首集 65534 为通配符，表示该呼叫字冠可以为任何本地号首集（但优先级最低）使用。如果某个呼叫字冠能够同时匹配两条呼叫字冠数据中的"本地号首集"，则系统优先匹配指定"本地号首集"的呼叫字冠数据。

（4）输入 ADD PFXPRO 命令，增加号首处理。呼叫源码为 12，本地号首集为 5，呼叫字冠为 110，被叫号码变换标志为是，发送信号音方法为不发送音，被叫号码变换索引为 1，是否重新分析为是，如图 3-6-21 所示。

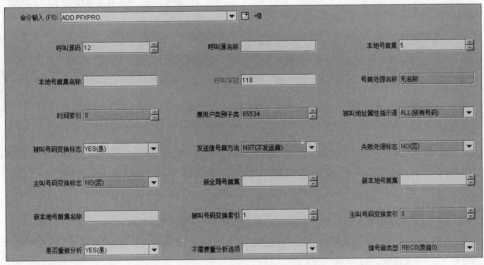

图 3-6-21　增加 110 呼叫字冠号首处理

8）配置紧急呼叫中心用户

输入 ADB VSBR 命令，增加语音用户。批增 4 个 ESL 用户，用作 110 紧急呼叫中心用户。本地号首集 5，起始用户号码为 85300041，结束用户号码为 85300044，计费源码 12，呼叫源码 12，是 4 个占用号码资源的小交用户，PBX 引示号为 85300040，如图 3-6-22 所示。

图 3-6-22　增加紧急呼叫中心用户

9）配置号码分析数据

（1）输入 ADD CNACLD 命令，增加呼叫字冠 85300040，如图 3-6-23 所示。

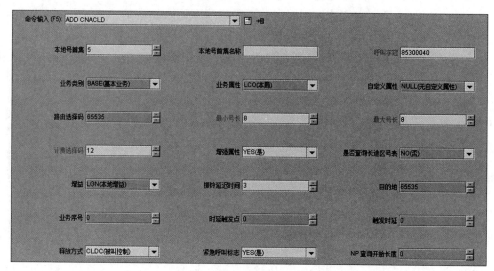

图 3-6-23　增加紧急呼叫中心字冠

 说明：

①对于火警、匪警等特服呼叫，为防止用户误拨，通常采用延迟振铃的方式，一般设为"3"，即延迟 3 s 后再向被叫用户振铃。

②释放方式：被叫控制指仅当被叫挂机后呼叫释放。若主叫挂机而被叫不挂机，则在系统规定的时间内（由定时器控制）呼叫仍然保持，若主叫再次摘机，主、被叫仍可通话；若超时，则呼叫将被释放。该方式多用于 110、119、120、122 等特服呼叫。

③紧急呼叫标识 ECOS：当软件参数 P150 比特 14 为 0 时，ECOS 用于指示系统是否对紧急呼叫字冠进行观察和决定是否为该紧急呼叫字冠设置逾越权限。系统默认为"No"。若设为"Yes"，则表示当有用户拨打该紧急呼叫字冠时，系统不仅在告警台产生紧急呼叫的告警事件，而且为该紧急呼叫字冠设置逾越权限。此时不需要使用 ADD AUSSIG 命令进行设置，即此标志融合了 ADD AUSSIG 命令中紧急呼叫字冠逾越的功能。

④紧急呼叫标识 ECOS：当软件参数 P150 比特 14 为 1（软参默认值）时，ECOS 用于指示系统是否对紧急呼叫字冠进行观察，系统默认为"No"。若设为"Yes"，则表示当有用户拨打该紧急呼叫字冠时，系统将在告警台产生紧急呼叫的告警事件。需要指出的是，该参数仅用于设置是否对紧急呼叫字冠进行观察，若需要为该紧急呼叫字冠设置逾越权限，则操作员还必须使用 ADD AUSSIG 命令进行设置，否则，当维护人员对普通用户进行欠费停机、呼叫权限限制等操作时，该普通用户将不能拨打紧急呼叫字冠。

（2）输入 ADD CNACLD 命令，增加呼叫字冠 3333，如图 3-6-24 所示。

10）增加补充信令

输入 ADD AUSSIG 命令，将 110 字冠的紧急呼叫逾越设为 YES。本地号首集不填，默认为 65534（通配符），如图 3-6-25 所示。

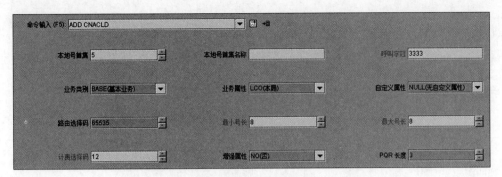

图 3-6-24　增加紧急呼叫中心字冠本地号首集 5

图 3-6-25　设置紧急呼叫逾越

 说明：

为了在任意情况下均能够拨打 110、119、120、122 等字冠，操作员必须将命令中的紧急呼叫逾越参数设为 YES，这样，当维护人员对普通用户进行欠费停机、呼叫权限限制等操作时，普通用户仍然能够拨打 110 等字冠。

11）执行联机操作

（1）打开格式转换开关，同 2.3.4.3 节 3（1）。

（2）联机，同 2.3.4.3 节 3（2）。

2. 华为 eSpace SoftPhone 设备侧配置

方法参考 3.5.4.3 节 4。

3. UA5000 设备侧数据配置

方法参考 3.2.4.3 节 2。

3.6.4.4　实验任务

（1）根据任务规划数据完成组网简图的连接，如图 3-6-26 所示。

（2）根据下面规划数据完成各设备侧配置，实现 120 特服中心业务。

五位 SIP 用户为普通用户，号码为 66660010~66660050。UA5000 下五个语音用户为 120 紧急呼叫中心客服用户，号码为 66660040~66660044，其中，66660040 设置为 PBX 引示号。普通用户可直接拨打 120 字冠，在任何情况下，拨打此类字冠时应不受呼出限制，系统对此类呼叫采用被叫控制释放方式，为防止用户误拨此类字冠，端局在接通被叫用户前应有振铃延迟。

①紧急呼叫中心号码 120，PBX 引示号 66660040。

②FCCU 单板模块号 22，IFMI 模块号 132。

③MSGI 模块号 211，SIP 协议端口 5061。

④SoftX3000 和 SIP 软终端、AMG 之间的对接参数规划，见表 3-6-2。

表 3-6-2　SoftX3000 与 SIP 软终端、AMG 之间的对接参数规划

本地号首集	0	
呼叫源	1（另：失败源码 1，路由选择源码 1）	
计费源码	1	
媒体网关或者多媒体设备	多媒体设备 1：55550010，EID 认证密码：55550010 多媒体设备 2：55550020，EID 认证密码：55550020 多媒体设备 3：55550030，EID 认证密码：55550030 多媒体设备 4：55550040，EID 认证密码：55550040 多媒体设备 5：55550050，EID 认证密码：55550050 编解码列表：PCMA，PCMU，G.723.1，G.729，G.726，T38	AG 媒体网关设备：192.168.3.15：2944 控制协议：H.248 协议编码类型：ABNF（文本） IFMI 板 IP 地址：10.26.102.13，AG IP 地址：192.168.3.15，远端端口：2944 编解码列表：PCMA，PCMU，G.723.1，G.729，G.726，T38
用户号码 1	55550010（普通用户），呼入权限：本局；呼出权限：本局；补充业务：主叫线识别提供	66660040（普通用户号码，作为 PBX 引示号），终端标识：0，呼入权限：本局；呼出权限：本局；补充业务：主叫线识别提供
用户号码 2	55550020（普通用户），其他同上	66660041（呼叫中心用户），终端标识：1，其他同上
用户号码 3	55550030（普通用户），其他同上	66660042（呼叫中心用户），终端标识：2，其他同上
用户号码 4	55550040（普通用户），其他同上	66660043（呼叫中心用户），终端标识：3，其他同上
用户号码 5	55550050（普通用户），其他同上	66660044（呼叫中心用户），终端标识：4，其他同上
本局呼叫字冠	5555	66660040

⑤呼叫字冠 120、66660040 和 5555，本地号首集：0，本局，基本业务，路由选择码 65535，计费选择码 1。

⑥ "基础数据配置" 脚本见二维码部分的附录 3。

3.6.4.5 调测指导

五位同学依次用 SIP 软终端电话拨打 120 号码，分下列三种情况测试紧急呼叫中心业务功能。

（1）四部 120 电话都空闲时，响铃情况。

（2）其中两部 120 电话忙时，响铃情况。

（3）四部 120 电话都忙时，响铃情况。

记录实验结果，并分析是否正确。

3.6.5 任务验收

根据任务规划数据完成组网简图的连接，如图 3-6-26 所示。

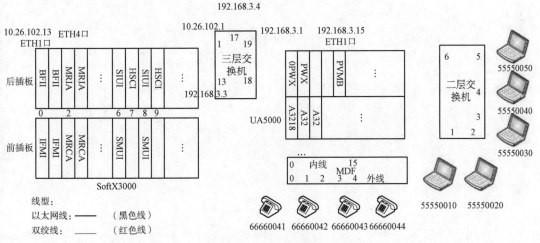

图 3-6-26 组网简图

填写工作任务单，见表 3-6-3。

表 3-6-3 工作任务单

工作任务			
小组名称		工作成员	
工作时间		完成总时长	
工作任务描述			

小组分工	姓名	工作任务		

任务执行结果记录				
序号	工作内容		完成情况	操作员
1				
2				
3				
4				

任务实施过程记录

任务评价表见表3-6-4。

表3-6-4　任务评价表

评价类型	赋分	序号	具体指标	分值	得分		
					自评	组评	师评
职业能力	65	1	组网简图连接正确	15			
		2	数据配置内容完备、正确，电话互拨正常，无告警	45			
		3	陈述项目完成的思路、经过和遇到的问题，表达清晰	5			

评价类型	赋分	序号	具体指标	分值	得分		
					自评	组评	师评
职业素养	20	1	坚持出勤，遵守纪律	5			
		2	协作互助，解决难点	5			
		3	按照标准规范操作	5			
		4	持续改进优化	5			
劳动素养	15	1	按时完成，认真填写记录	5			
		2	保持工位卫生、整洁、有序	5			
		3	小组分工合理	5			

3.6.6　回顾与总结

总结反馈表见表 3-6-5。

表 3-6-5　总结反馈表

总结反思	
目标达成：知识□□□□□　能力□□□□□　素养□□□□□	
学习收获： 	老师寄语：
问题反思： 	 签字：＿＿＿＿＿＿

问题与讨论：
列举你所知道的紧急呼叫中心业务所具有的特殊要求。

项目 4

局间长途业务开通

🎯 项目介绍

交换局间长途业务是 NGN 软交换系统的一项重要业务。本项目介绍通过交换局间对接配置，开通局间长途业务的方法。局间对接涉及组网、信令和承载两类协议数据的对接，以及局间路由配置、中继用户数据配置等多项内容。本项目分为两个子任务：SoftX3000 与 PBX 交换机对接、SoftX3000 与 PSTN 交换机对接。

🎯 知识图谱

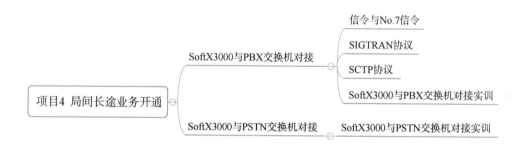

🎯 学习要求

（1）在学习和任务完成过程中，注意知识和技能的灵活运用，培养创新意识。

（2）按照知、学、做、巩固四个环节进行各任务的学习。可借助本教材配套的线上开放优质课程资源，如授课 PPT、授课视频、课题讨论、作业与测试等，提升学习效率和效果。

（3）通过组员间相互协作，加强沟通交流能力，培养团队意识。

任务 4.1　SoftX3000 与 PBX 交换机对接

4.1.1　任务描述

SoftX3000 与 PBX 交换机对接是在 NGN 软交换系统中，软交换设备作为端局组网的一种场景，各交换机（局）下语音和多媒体用户间的通信是局间长途业务的一种。本任务提供 SoftX3000 与 PBX 交换机对接的典型组网、组网连接方式、对接涉及的各设备侧的数据规划和配置指导，并给出工作任务，让读者在工程项目中"做中学"，掌握 SoftX3000 与 PBX 交换机对接组网、协议对接与长途业务数据配置的技能，加强对软交换设备与基于电路交换的用户级交换机间对接涉及的网关设备、1 号信令协议、中继用户的理解与应用能力。

本任务的具体要求是：

（1）完成 SoftX3000 与 PBX 交换机对接典型组网简图连接。

（2）根据数据规划，完成 SoftX3000 侧、UMG8900 侧的数据配置。

（3）验证 SoftX3000 交换机（局）用户和 PBX 交换机（局）用户间的长途语音业务。

4.1.2　学习目标和实验器材

学习完该任务，您将能够：

（1）掌握 SoftX3000 与 PBX 交换机对接的典型组网方法。

（2）掌握 SoftX3000 与 PBX 交换机对接各设备的数据配置流程、命令，知晓相关注意事项。

（3）根据数据规划，完成 SoftX3000 与 PBX 交换机对接的数据配置和长途业务调测。

实验器材：SoftX3000 设备、BAM 服务器、二层交换机、三层交换机、MD150A、UMG8900、模拟话机、UA5000、华为 LMT 本地维护终端软件、e-Bridge 软件、计算机等。

4.1.3　知识准备

4.1.3.1　整体介绍

PBX 用户级交换机通过 UMG 通用媒体网关设备接入 NGN 软交换系统的示意图如图 4-1-1 所示。

当 SoftX3000 与 PSTN 网络中的 PBX、NAS 等设备进行对接时，可采用 DSS1 信令作为局间信令。对于 PBX 而言，其 DSS1 信令只能基于 PRA 链路承载；而对于 SoftX3000 而言，其 DSS1 信令一般基于 IUA 链路承载，此时的典型组网如图 4-1-2 所示。

4.1.3.2　信令的定义及分类

信令是在通信设备之间传递的各种控制信号，如占用、释放、设备忙闲状态、被叫用户号码等，都属于信令。

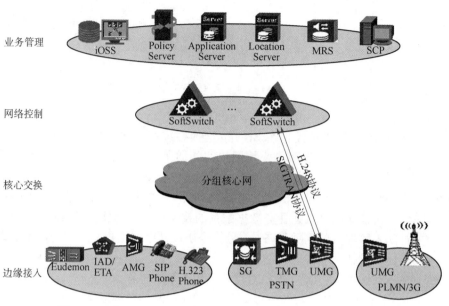

图 4-1-1　PBX/PSTN 交换机通过 UMG 接入 NGN 软交换系统

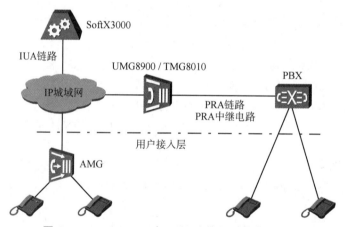

图 4-1-2　SoftX3000 与 PBX 交换机对接典型组网

　　信令就是各个交换局在完成呼叫接续中的一种通信语言。信令系统指导系统各部分相互配合，协同运行，共同完成某项任务。

　　按信令的工作区域，分为用户信令和局间信令。用户信令是用户和交换机之间的信令，在用户线上传送；局间信令是交换机和交换机之间的信令，在局间中继线上传送，用来控制呼叫接续和拆线。

　　按信令的功能，分为线路信令、路由信令、管理信令。线路信令是反映线路工作状态的信令，如空闲、占用、释放等。路由信令是提供接续信息的信令，如被叫号码、主叫类别等。管理信令传递网络管理信息，如测试、维护等。

　　按信令传输方式，可以分为随路信令和共路信令。

　　随路信令是指信令信息在对应的话音通道上传送，或者在与话音通道对应的固定通道上传送（如数字线路信号），如图 4-1-3 所示。如 1 号信令（DSS1 信令）、R2 信令。

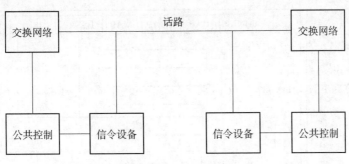

图 4-1-3　随路信令

共路信令是指信令信道和业务信道完全分开，在公共的数据链路上以消息的形式传送的信令方式，如图 4-1-4 所示。如 No.7 信令。

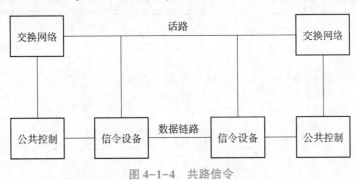

图 4-1-4　共路信令

4.1.3.3　No.7 信令和 No.7 信令网

No.7 信令是一种国际通用的标准公共信道信令系统，具有传递速度快、信令容量大、功能强、灵活可靠等优点，能充分满足固定电话网（PSTN）、陆地移动通信网（GSM）、智能网（IN）等对信令的要求。

No.7 信令系统的基本功能结构由两部分组成：公共的消息传递部分 MTP，提供一个可靠的消息传递系统。其适合不同用户的独立用户部分 UP，负责信令消息的生成、语法检查和信令过程控制。

No.7 信令的协议层次如图 4-1-5 所示。

其中，INAP：智能网应用部分，OMAP：操作维护应用部分，CAP：CAMEL（移动智能网）应用部分，MAP：移动应用部分，BSSAP：基站子系统应用部分，ISUP：ISDN 用户部分，TUP：电话用户部分，TCAP：事务处理能力应用部分，ISP：中间服务部分，SCCP：信令连接控制部分，MTP：消息传递部分。

No.7 信令网是独立于电信网的支撑网，是电信网中用于传输 No.7 信令消息的专用数据网。

信令网的三要素：信令点 SP、信令转接点 STP 和信令链路 Link 组成，如图 4-1-6 所示。

信令点 SP 是信令网上产生和接收信令消息的节点。它将产生的信令消息从某一条信令

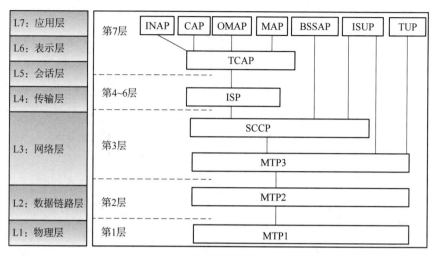

图 4-1-5　No. 7 信令的协议层次

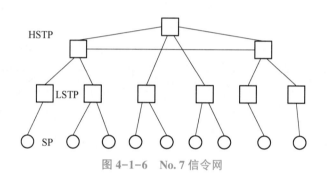

图 4-1-6　No. 7 信令网

链路上发出，或者从信令链路上接收消息，送给本节点的用户部分。在信令网示意图中，用○表示一个信令点。

信令转接点是在信令网上将信令消息从一条信令链路传送到另一条信令链路的节点。在信令网示意图中用□表示。当两个信令点之间没有建立直达的链路时，从一个信令点发出的消息就需要经过 STP 转接，才能到达另一个信令点。

信令链路是在信令网的各信令点之间传递信令消息的物理通道。在信令网示意图中用直线表示。

信令网的工作方式是指信令消息所取的通路与消息所属的信令点之间的对应关系。在信令网内，有直联方式和准直联方式之分，如图 4-1-7 所示。

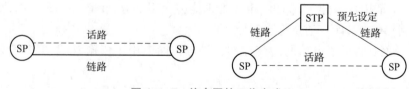

图 4-1-7　信令网的工作方式

直联方式：两个信令点（交换机）之间通过直达信令链路传递消息。此时话路和信令链路是平行的。

准直联方式：两个信令点（交换机）之间通过预先设定的由 STP 串接的多个信令链路传递消息，此时的话路和信令链路不是平行的。

国际信令网编码采用 14 位信令点编码，如图 4-1-8 所示。

大区识别	区域网识别	信令点标识
3位	8位	3位

图 4-1-8　国际信令网编码

大区识别：用于识别世界编号大区。我国的大区识别为 4。区域网识别：用于识别每个世界编号大区内的区域网。我国的区域网识别为 120。信令点标识：用于识别区域网中的信令点。

我国信令网编码采用 24 位信令点编码，如图 4-1-9 所示。

主信令区编码	分信令区编码	信令点标识
8位	8位	8位

图 4-1-9　我国信令网编码

我国信令网信令区的划分与信令网的三级结构相对应，分为主信令区、分信令区、信令点三级。HSTP 设在主信令区，LSTP 设在分信令区。

我国信令网划分为 33 个主信令区，每个主信令区又划分为若干个分信令区。主信令区按中央直辖市、省和自治区设置。一个主信令区内一般只设置一对 HSTP（高级信令转发点）。

分信令区的划分，原则上以一个地区或一个地级市来进行。一个分信令区设置一对 LSTP，一般设在地区或地级市电信局所在城市。

4.1.3.4　SIGTRAN 协议

在 NGN 软交换系统与 PSTN 共存的情况下，基于分组交换的软交换体系必须要与传统的 PSTN 的信令网进行互通，这主要是通过信令网关 SG 来完成分组网与信令网之间的传输协议的转换。

SIGTRAN 协议的目标是解决 PSTN 信令（packet based）在 IP 网络的传送问题。

为了保证 No.7 信令能在分组网中可靠传输，单靠现有的 TCP、UDP、IP 等传输协议不行。No.7 信令对建立话音通话非常重要，必须要可靠和有效地传输，但 IP 传输的特点是尽力而为，它不会做可靠传输的保证。UDP 的安全性完全没有保障，TCP 虽然是面向连接的协议，但是它本身也有不少问题，容易受到各种各样的攻击。因此，IETF 专门制定了一个新的传输层协议，叫作 SCTP。

SCTP 之上还需要适配子层，这是因为 No.7 信令并不是基于 IP 网络设计的。为了让信令消息适应 IP 网的传输环境，就需要增加一个用户适配子层。比如 ISUP 协议原来是在 MTP3 上面传送的，ISUP 和 MTP3 之间有明确的层间接口，现在没有 MTP3 了，采用 M3UA 来替代，M3UA 就要把这个层间接口原封不动地继承下来，不能让 ISUP 感觉到底层协议有变化。

SIGTRAN 协议是一个包含有多种协议的协议栈，它的分层结构如图 4-1-10 所示。它起信令转换的桥梁作用，主要包含信令传输和信令适配两部分协议。传输协议使用流控制传输协议

SCTP，这个协议可以在 IP 网上提供高效、可靠的消息传输。适配子层的协议名称大都带有 UA，UA 是用户适配（User Adaptation）的英文缩写，如 M2UA、M3UA、V5UA、IUA 等。需要说明的是，SIGTRAN 协议只是实现 No.7 信令在 IP 网的适配与传输，并不处理用户层信令层消息。

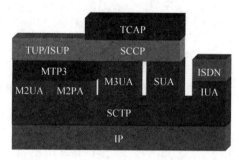

图 4-1-10　SIGTRAN 协议的分层结构

M3UA：MTP3 用户适配层。

M2UA：MTP2 用户适配层，该协议允许信令网关向对等的 IP SP（信令点）传送 MTP3 消息，对 No.7 信令网和 IP 网提供无缝的网关互通功能。

IUA：ISDN Q.931 用户适配层。

M2PA：MTP2 对等适配层，该协议允许信令网关向对等的 IP SP 传送 MTP3 消息，并提供 MTP 信令网网关功能。

SUA：SCCP 用户适配层，适配传送 SCCP 的用户消息给 IP 数据库，提供 SCCP 的网关互通功能。

SCTP：流控制传输协议，它运行于提供不可靠传递的分组网络上，是为在 IP 网上传输 PSTN 信令消息而设计的。

IP：互联网协议。

UA 协议的功能有：透明传送上层协议消息，支持 IP 网络中 UA 对等实体之间的协议操作，支持 UA 替代的 SS7 层的原语接口（例如：M2UA 支持 MTP2 支持的 MTP2/MTP3 原语接口），支持 SCTP 偶联管理，支持向层管理异步报告状态变化。

下面是信令网关 SG 完成分组网与信令网之间协议转换的两个例子。

M3UA 支持应用层协议与 MTP3 之间的原语接口，是位于 IP 网络的 MGC（媒体网关控制器）的应用层协议与 SS7 网上的 MTP3 的纽带，如图 4-1-11 所示。

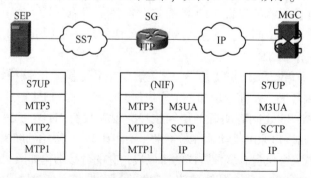

图 4-1-11　SG 采用 M3UA 适配协议

M2UA 支持 MTP2 与 MTP3 之间的原语接口，是位于 IP 网络的 MGC（媒体网关控制器）的 MTP3 与 SS7 网上的 MTP2 的纽带，如图 4-1-12 所示。

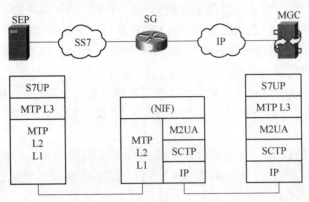

图 4-1-12　SG 采用 M2UA 适配协议

4.1.3.5　SCTP 协议

流控制传输协议（Stream Control Transmission Protocol，SCTP）是为在 IP 网上传输 PSTN 信令消息而设计的。

SCTP 和 TCP 及 UDP 都是传输层的协议，位于 IP 层之上。UDP 是一种无连接的传输协议，无法满足 No.7 信令对传输质量的要求。TCP 协议是一种面向连接的传输协议，可以保证信令的可靠传输，但是 TCP 协议具有实时性差、支持多归属比较困难、易受拒绝服务攻击的缺陷。SCTP 在 TCP 协议的基础上，对 TCP 的缺陷进行了一些完善，包括适当的拥塞控制、防止泛滥和伪装攻击、更优的实时性能和多归属性支持等，成为一种可靠、高效、有序的数据传输协议。下面对 SCTP 协议和 TCP 协议做具体的比较。

TCP 基于比特流，SCTP 则是基于用户消息流；TCP 只能支持单流，而 SCTP 连接支持多流（stream）。所以 SCTP 协议有更高的传输效率。

TCP 一般是单地址连接，即 IP 网络的源和目的地址都只有一个，而 SCTP 的连接可以是多宿主连接，即一个 SCTP 端点可以由多个 IP 地址组成，若当前路径失效，则协议可切换到另一个地址，而不需要重新建立连接，使得网络可靠性增加。

SCTP 同样有确认/超时重发机制，但它的选择性确认 SACK 较之 TCP 单纯的累计确认具有更高的重发效率。

TCP 协议采用三次握手机制建立连接，而 SCTP 采用四次握手机制建立连接；TCP 容易受到恶意攻击，SCTP 增加了防止恶意攻击的措施。所以 SCTP 协议安全性更高。

1. SCTP 重要术语

下面介绍 SCTP 协议的几个重要术语。

（1）传送地址：传送地址由 IP 地址、传输层协议类型和传输层端口号定义。由于 SCTP 在 IP 上传输，所以一个 SCTP 传送地址由一个 IP 地址加一个 SCTP 端口号决定。SCTP 端口号和 TCP 端口号的作用相同，SCTP 用它来区分上层不同的用户。比如 IP 地址 10.105.28.92 和 SCTP 端口号 1024 标识了一个传送地址，而 10.105.28.93 和 1024 则标识了另外一个传送地址。10.105.28.92 和端口号 1023 也标识了一个不同的传送地址。

（2）端点（Endpoint）：端点是 SCTP 的基本逻辑概念，是数据报的逻辑发送者和接收者，是一个典型的逻辑实体。一个传送地址（IP 地址+SCTP 端口号）唯一标识一个端点。一个端点可以由多个传送地址进行定义，但对于同一个目的端点而言，这些传送地址中的 IP 地址可以配置成多个，但必须使用相同的 SCTP 端口。一个主机上可以配置多个端点。

（3）主机（Host）：主机配有一个或多个 IP 地址，是一个典型的物理实体，比如一台配置好 IP 地址的计算机就是主机。

（4）偶联（Association）：偶联就是两个 SCTP 端点通过 SCTP 协议规定的 4 步握手机制建立起来的进行数据传递的逻辑联系或者通道。SCTP 协议规定在任何时刻两个端点之间能且仅能建立一个偶联。

（5）流是 SCTP 协议的一个特色术语。SCTP 偶联中的流用来指示需要按顺序递交到高层协议的用户消息的序列，是从一个端点到另一个端点的单向逻辑通道。希望顺序传递的数据必须在一个流里面传输。

（6）一个偶联是由多个单向的流组成的。各个流之间相对独立，使用流 ID 进行标识，每个流可以单独发送数据而不受其他流的影响。如图 4-1-13 所示。

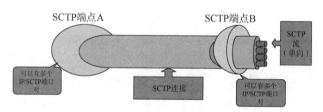

图 4-1-13　SCTP 协议的偶联示意图

一个偶联可以包括多条通路，但只有一个首选通路。如图 4-1-14 所示，MGC（如SoftX3000）一个端点包括两个传送地址（10.11.23.14：2905 和 10.11.23.15：2905），而 SG 一个端点也包括两个传送地址（10.11.23.16：2904 和 10.11.23.17：2904）。两个端点决定了一个偶联，该偶联包括 4 条通路（Path0、Path1、Path2 和 Path3）。根据数据配置可以确定这 4 条通路的选择方式。

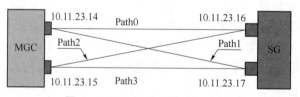

图 4-1-14　SCTP 双归属示意图

Path0：本端传送地址 1（10.11.23.14：2905）发送 SCTP 分组到对端传送地址1（10.11.23.16：2904）。

Path1：本端传送地址 1（10.11.23.14：2905）发送 SCTP 分组到对端传送地址2（10.11.23.17：2904）。

Path2：本端传送地址 2（10.11.23.15：2905）发送 SCTP 分组到对端传送地址1（10.11.23.16：2904）。

Path3：本端传送地址 2（10.11.23.15：2905）发送 SCTP 分组到对端传送地址2（10.11.23.17：2904）。

2. SCTP 协议的基本功能

SCTP 协议的基本功能如图 4-1-15 所示。

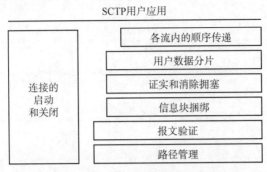

图 4-1-15　SCTP 协议的基本功能

顺序传递：SCTP 提供数据报的顺序传递，顺序传递的数据报必须放在一个"流"中传递。流是顺序传递的基石。通过流，SCTP 将数据的确认和传输的有序递交分成两种不同机制。

用户数据分片：SCTP 通过对传送通路上最大 PMTU（Path Maximum Transmission Unit，通路最大传送单元）的检测，实现在 SCTP 层将超大用户数据分片打包，避免在 IP 层的多次分片、重组，可以减少 IP 层的数据负担。

证实和重传：是协议保证传输可靠性的策略，SCTP 也一样。证实机制是 SCTP 保证传输可靠性的基石。避免拥塞沿袭了 TCP 的窗口机制，进行合适的流量控制。SCTP 在将数据（数据分片或未分片的用户数据报）发送给底层之前，顺序地为之分配一个发送顺序号（TSN）。TSN 和 SSN（流顺序号）是相互独立的，TSN 用于保证传输的可靠性，SSN 用于保证流内消息的顺序传递。TSN 和 SSN 在功能上使可靠传递和顺序传递分开。接收端证实所有收到的 TSN，即使其中有些尚未收到。包重发功能负责 TSN 的证实，还负责拥塞消除。

信息块捆绑：如果长度很短的用户数据被套上一个很大的 SCTP 消息头，那么其传递效率会很低，因此，SCTP 将几个用户数据绑定在一个 SCTP 报文里面传输，以提高带宽的利用率。SCTP 分组由公共分组头和一个/多个信息块组成，信息块可以是用户数据，也可以是 SCTP 控制信息。

报文验证：SCTP 分组的公共分组头包含一个验证标签（Verification Tag）和一个可选的 32 位校验码（Checksum）。验证标签的值由偶联两端在偶联启动时选择。如果收到的分组中没有期望的验证标签值，接收端将丢弃这个分组，以阻止攻击和失效的 SCTP 分组。校验码由 SCTP 分组的发送方设置，以提供附加的保护，用来避免由网络造成的数据差错。接收端将丢弃包含无效校验码的 SCTP 分组。

路径管理：发送端的 SCTP 用户能够使用一组传送地址作为 SCTP 分组的目的地。SCTP 管理功能可以根据 SCTP 用户的指令和当前合格的目的地集合的可达性状态，为每个发送的 SCTP 分组选择一个目的地传送地址。当其他分组业务量不能完全表明可达性时，通路管理功能可以通过心跳消息来监视到某个目的地地址的可达性，并当任何对端传送地址的可达性发生变化时，向 SCTP 用户提供指示。通路功能也用来在偶联建立时，向对端报告合格的本端传送地址集合，并把从对端返回的传送地址报告给本地的 SCTP 用户。在偶联建立时，为每个 SCTP 端点定义一个首选通路，用来正常情况下发送 SCTP 分组。

3. SCTP 偶联相关流程

SCTP 偶联建立过程包括 4 步，如图 4-1-16 所示。

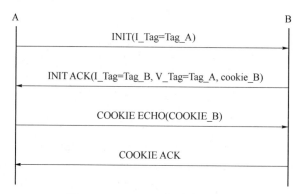

图 4-1-16　SCTP 偶联建立流程

①偶联发起端首先要创建一个数据结构 TCB（传输控制块）来描述即将发起的这个偶联（包含偶联的基本信息），然后向对端发送 INIT 消息。在这个消息里面，参数一般会带上本端使用的一个或多个 IP 地址（如果不带，对端就把 INIT 消息发送的源地址作为该端点的地址）。在通用头中，由于还不知道对方的 Tag，故将 Verification Tag 域置零。在消息参数中，必须带上本端的 Tag 和期望的输入/输出流数。发送后启动一个 INIT 定时器，等待对方的 INIT ACK 消息，定时器超期则重发 INIT，直到达到最大重发次数。这些动作完成后，发起端进入 COOKIE-WAIT 状态。

②偶联的接收端收到 INIT 消息后，先生成一个 Tag，这个 Tag 将作为本端初始 Tag 放到 INIT ACK 消息的参数中。然后也根据偶联的基本信息生成一个 TCB，不过这个 TCB 是一个临时 TCB。这个 TCB 生成以后，将其中的必要信息（其中包含一个 COOKIE 生成的时间戳和 COOKIE 的生命期）和一个本端的密钥通过 RFC2401 描述的算法计算成一个 32 位的摘要 MAC（这种计算是不可逆的）。然后将那些必要信息和这个 MAC 组合成一个叫作 STATE COOKIE 的参数，包含在 INIT ACK 消息中。INIT ACK 消息的通用头的 Verification Tag 置为 INIT 消息中初始 Tag 的值。INIT ACK 消息一般也带上本端使用的地址、输入/输出流等信息。发送 INIT ACK 到对端，删掉临时 TCB（这样，接收端没有为这个偶联保留任何资源）。

③偶联发起端收到 INIT ACK 后，停 INIT 定时器。更新自己的 TCB，填入从 INIT ACK 获得的信息。然后生成 COOKIE ECHO 消息，将 INIT ACK 中的 TATE COOKIE 原封不动带回。启动 COOKIE 定时器。状态转移为 COOKIE-ECHOED。

④偶联接收端收到 COOKIE ECHO 消息后，进行 COOKIE 验证。将 STATE COOKIE 中的 TCB 部分和本端密钥根据 RFC2401 的 MAC 算法进行计算，得出的 MAC 和 STATE COOKIE 中携带的 MAC 进行比较，如果不同，则丢弃这个消息；如果相同，则取出 TCB 部分的时间戳和当前时间比较，看时间是否已经超过了 COOKIE 的生命期，如果是，同样丢弃，否则，根据 TCB 中的信息建立一个和对端的偶联。将状态迁入 ESTABLISHED，并回送 COOKIE ACK 消息。

⑤偶联发起端收到 COOKIE ACK 消息，停 COOKIE 定时器，迁入 ESTABLISHED 状态。这样偶联建立过程完毕。

SCTP 偶联删除过程包括 3 步，如图 4-1-17 所示。

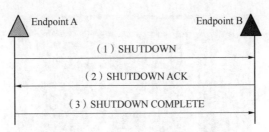

图 4-1-17　SCTP 偶联删除流程

①偶联关闭发起端点 A 的 SCTP 用户向 SCTP 发送请求 SHUTDOWN。SCTP 偶联从 ES-TABLISHED 状态迁入 SHUTDOWN-PENDING 状态。

②端点 B 收到 SHUTDOWN 消息后，进入 SHOUTDOWN-RECEIVED 状态，不再接收从 SCTP 用户发来的新数据。

③端点 A 收到 SHUTDOWN ACK 消息后，向端点 B 发送 SHUTDOWN COMPLETE 消息，并清除偶联的所有记录。

4.1.3.6　设备介绍

1. MD150A 交换机

Ericsson MD150A 是爱立信公司的一款 PBX（用户级）交换机，采用最新的现代化的数字技术，来实现集语音通信、信息通信、无线通信 IP 电话、呼叫中心、CTI 应用等于一体的通信。

图 4-1-18 所示是 MD150A 的机框图。图 4-1-19 所示是它的内部结构图。

图 4-1-18　MD150A 的设备外观

此设备插入 4 块单板，分别在槽位 00、02、04、07，单板名依次为 CPU-D5、ELU-A、ELU-D3、BTU-D。

CPU-D5：是系统的中央处理单元。这个系统所必需的基本功能都安装在这个板子上。

ELU-A：是连接 8 个或者 16 个模拟电话的设备板（这里采用的是连接 16 个电话型）。

ELU-D3：是一块用于连接数字系统话机的设备板。

BTU-D：是一块与公共网络进行数字连接的设备板。此板共有 2 个 E1 接口，对数字公共网络的连接可用（30B+D）的连接方式或 No.7 信令连接方式或 R2 随路连接方式。

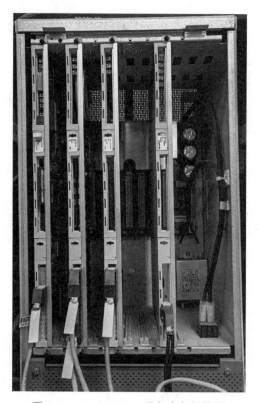

图 4-1-19　MD150A 设备内部结构图

　　ELU-A 板引出 16 对双绞线，接入 MDF 架的内线侧，MDF 架的外线侧是一排 RJ11 类型的接口。

　　2. UMG8900 通用媒体网关

　　UMG8900 通用媒体网关可作为 NGN 软交换系统接入层的多种业务网关进行组网，包括 TG、AG、内嵌 SG、RSM、融合应用。

　　UMG8900 采用一体化插框，造型保持和 NGN 产品风格一致，横插 5 个单板槽位。提供 4K TDM 交换能力和 800M 分组交换能力。其设备面板和槽位如图 4-1-20 所示。

　　FOMD 板提供设备管理功能；提供控制平面、业务平面的分组交换功能，完成控制信息、业务平面的信息交互；提供 TDM 业务交换管理功能，4K 时隙交换能力；内嵌 SG 功能，完成三级时钟的产生和分发；提供 BITS 时钟信号的输出；提供 24 路 E1/T1 接口。

　　FVPD 板提供放音、收号、混音和 MFC 等功能；完成语音业务的 IP 分组适配处理；提供 IP 路由处理、IP 业务的汇聚和分发功能；控制各种业务资源完成业务承载转换和业务流格式转换，并将资源的操作结果采用 H.248 消息返回到 MGC 设备；提供 H.248 协议处理功能；提供与 MGC 之间的 H.248 协议和 SIGTRAN 协议接口。

　　FMIU 提供接口。

　　UMG8900 组网应用场景有作为 TG 设备、SG 设备、AG 设备三种。

　　UMG8900 作为标准 TG 设备，支持最大 1 440 通道，支持内置信令网关，支持 No.7/R2/PRI/V5 信令转发，支持长途局/汇接局/关口局组网，支持 3 级时钟，支持交/直流供电。组网应用如图 4-1-21 所示。

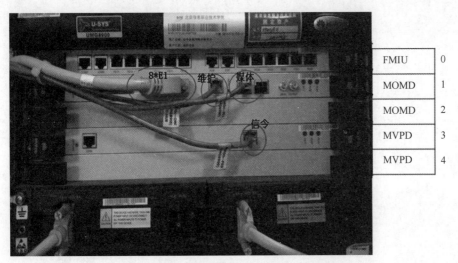

图 4-1-20 UMG8900 设备面板和槽位图

FMIU	0
MOMD	1
MOMD	2
MVPD	3
MVPD	4

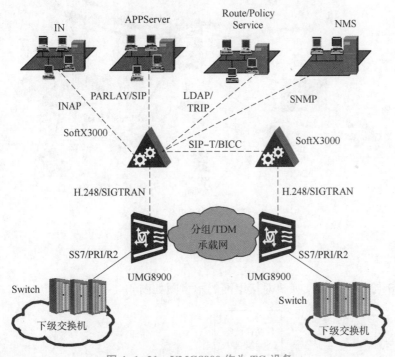

图 4-1-21 UMG8900 作为 TG 设备

SG 内嵌在 UMG 内,为用户有效地节省硬件投资。内置 SG 功能,支持直联和准直联方式,组网更加灵活。内置 SG 支持 M2UA/IUA/V5UA,M2UA/IUA/V5UA 链路支持主备和负荷分担方式。组网应用如图 4-1-22 所示。

作为标准 AG 设备,支持 1 000~6 000(1∶4 收敛)用户的容量范围,支持 V5/PRI/R2 接口,支持 AG Stand Alone,支持综合接入,支持宽带用户框,支持专线用户,支持 3 级时钟。组网应用如图 4-1-23 所示。

图 4-1-22　UMG8900 作为 SG 设备

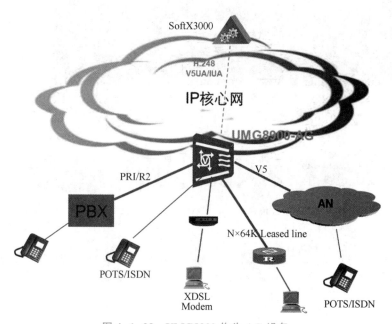

图 4-1-23　UMG8900 作为 AG 设备

4.1.3.7　组网示例

SoftX3000 与 MD150A 交换机对接组网的示意图如图 4-1-24 所示。

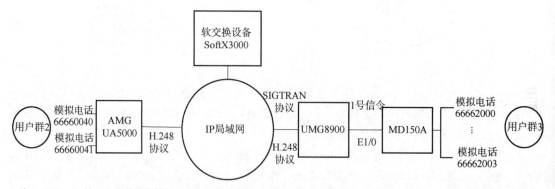

注：SoftX3000是NGN网络的交换机，本局，信令点编码333333，本地号首0，区号10；MD150A用户级程控交换机是
　　一个下级局，本地号首0，区号10。

图 4-1-24　SoftX3000 设备与 MD150A 交换机对接组网示意图

4.1.3.8　组网连接方式

与上述组网示意图相对应的连接简图如图 4-1-25 所示。

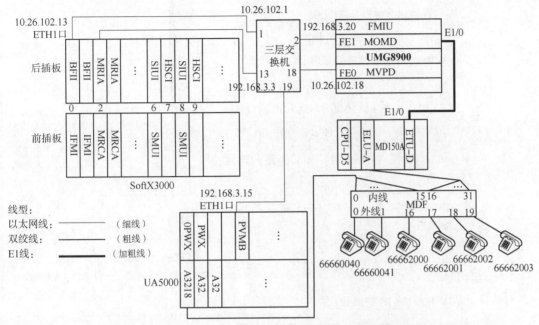

图 4-1-25　SoftX3000 与 MD150A 设备对接组网连接简图

4.1.4　任务实施

4.1.4.1　工作步骤

（1）完成组网简图的连接。

（2）根据配置练习的步骤，练习 SoftX3000 与 MD150A 设备对接 SoftX3000 侧和 UMG8900 侧的数据配置方法。

（3）根据实验任务的数据规划内容，完成 SoftX3000 侧和 UMG8900 侧的数据配置。

（4）开通并按照调测指导来调测局间长途语音业务。

4.1.4.2　数据规划

下面是规划数据的练习。

1. SoftX3000 侧

（1）FCCU 板模块号：30，BSGI 模块号：140。

（2）信令网关标识：2；IUA 链路集索引：2；IUA 链路号：2；PRA 信令链路：2。

（3）局向号：200，子路由号：200，路由号：200，路由选择码：200。

（4）中继群号：200，计费源码：62，呼叫源码：62。

（5）SoftX3000 与 UMG8900、PBX 之间的主要对接参数规划，见表 4-1-1、表 4-1-2。

表 4-1-1　SoftX3000 与 UMG8900 之间对接参数表

序号	对接参数项	参数值
1	SoftX3000 与 UMG8900 之间采用的控制协议	H. 248 协议
2	H. 248 协议的编码类型	ABNF（文本方式）
3	SoftX3000 的 IFMI 板的 IP 地址	10. 26. 102. 13
4	UMG8900 用于 H. 248 协议的 IP 地址	192. 168. 2. 18
5	UMG8900 用于 SIGTRAN 协议的 IP 地址	192. 168. 2. 18
6	SoftX3000 侧 H. 248 协议的本地 UDP 端口号	2944
7	UMG8900 侧 H. 248 协议的本地 UDP 端口号	2946
8	SoftX3000 侧（Client 端）IUA 链路的本地 SCTP 端口号	9902
9	UMG8900 侧（Server 端）IUA 链路的本地 SCTP 端口号	9900
10	UMG8900 支持的语音编解码方式	PCMA，PCMU，G. 723. 1，G. 726，T38，AMR，H. 261，H. 263，MPEG4
11	UMG8900 的 E1 的编号方式	从 0 开始
12	UMG8900 的终端标识（即 E1 时隙）的编号方式	从 0 开始
13	SoftX3000 侧 PRA 中继群的 E1 编号	2
14	UMG8900 侧对应于 PRA 中继群的 E1 标识	2
15	PRA 链路 0 的接口标识（整数型）	2（需要与 UMG8900 侧一致）

表 4-1-2　SoftX3000 与 PBX 之间对接参数表

序号	对接参数项	参数值
1	SoftX3000 侧 DSS1 信令的类型（UMG8900 侧必须与 SoftX3000 侧保持一致）	网络侧
2	PBX 侧 DSS1 信令的类型	用户侧
3	PRA 链路电路号（SoftX3000 侧）	80
4	PRA 链路电路号的终端标识（UMG8900 侧）	80
5	PRA 中继电路的选择方式	采用循环选线方式
6	PRA 中继电路起始电路号、结束电路号	64，72
7	PRA 中继电路起始电路的终端标识	64
8	PBX 用户的呼叫字冠	66664，本地号首集：5，本地长途，基本业务，路由选择码 200，计费选择码 62

（6）UA5000 设备下的两个语音用户规划为本局用户，对接参数和用户信息规划见表4-1-3。

表 4-1-3　SoftX3000 与 UA5000 对接参数表

序号	对接参数项	参数值
1	SoftX3000 与 AMG 之间采用的控制协议	H.248 协议
2	H.248 协议的编码类型	ASN（二进制方式）
3	SoftX3000 的 IFMI 板的 IP 地址	10.26.102.13
4	AMG 的 IP 地址	192.168.3.10
5	SoftX3000 侧 H.248 协议的本地 UDP 端口号	2944
6	AMG 侧 H.248 协议的本地 UDP 端口号	2945
7	AMG 支持的语音编解码方式	G.711A，G.711μ，G.723.1，G.729，T38
8	用户 A 的电话号码，终端标识，号首集，呼叫源码，计费源码，呼入、呼出权限，补充业务	85300100，0，5，12，12，本局、本地、本地长途，主叫线识别提供
9	用户 B 的电话号码，终端标识，号首集，呼叫源码，计费源码，呼入、呼出权限，补充业务	85300101，1，5，12，12，本局、本地、本地长途，主叫线识别提供

（7）本局用户呼叫字冠 8530，本局，基本业务，路由选择码 65535，计费选择码 12。

2. UMG8900 侧

媒体网关数据规划见表4-1-4。

表 4-1-4　UMG8900 侧媒体网关数据规划

序号	准备项	数据采集
1	承载 H.248 链路的本端地址	192.168.2.18/24
2	承载 H.248 链路的对端地址	SoftX3000：10.26.102.13/24
3	承载 H.248 链路的本端端口号	2946
4	承载 H.248 链路的对端端口号	2944
5	H.248 协议参数	文本编解码、UDP、不鉴权
6	TDM 承载资源	1 槽位 OMU 板 TID：0~767
7	IP 承载资源	3 槽位 VPU 板承载 IP 地址：192.168.3.20/24，网关地址：192.168.3.254/24

信令网关数据规划见表 4-1-5。

表 4-1-5　UMG8900 侧信令网关数据规划

序号	准备项	数据采集
1	承载 IUA 链路的本端地址	192. 168. 2. 18/24
2	承载 IUA 链路的对端地址	SoftX3000：10. 26. 102. 13/24
3	承载 IUA 链路的本端端口号	9900
4	承载 IUA 链路的对端端口号	9902
5	L2UA 链路集	0
6	L2UA 链路	0
7	PRA 链路占用的 TDM 时隙	0 号 PRA 链路建立在 1 号槽 OMU 板 2 号 E1 端口的 TS 16 上
8	PRA 链路的整形接口标识	2

4.1.4.3　配置练习

数据配置主要涉及媒体网关数据、IUA 数据、PRA 链路数据、路由数据以及 PRA 中继数据等。

1. SoftX3000 侧数据配置

1）执行脱机操作

（1）脱机，同 2.3.4.3 节 1（1）。

（2）关闭格式转换开关，同 2.3.4.3 节 1（2）。

2）配置基础数据

基础数据包括硬件数据和本局、计费数据，是任务 2.3 和任务 2.4 的学习内容，这里采用脚本的方式，用批处理方法执行（图 2-4-6）。"基础数据练习配置"脚本见二维码部分的附录 3。

3）配置媒体网关数据

输入 ADD MGW 命令，增加媒体网关。增加一个 UMG8900，设备标识为 192. 168. 2. 18：2946，FCCU 模块号为 30，如图 4-1-26 所示。

特殊属性：NOJTTR、V3FX、EXPTONEDET。

资源能力：TONE、PA、SENDDTMF、DETECTDTMF、MPTY。

📖 说明：

• 对于 UMG8900 而言，无论 UMG8900 是作为 AG 还是 TG 应用，命令中的"设备标识"参数的格式必须为"IP 地址：端口号"，且"网关类型"必须选择"UMGW"。

• 此命令中的"远端 IP 地址"必须为 UMG8900 用于 H. 248 协议的 IP 地址，即为 192. 168. 2. 18。

• 由于 UMG8900 的 H. 248 协议采用文本编码方式，因此命令中的"协议编码类型"必须选择"ABNF"。

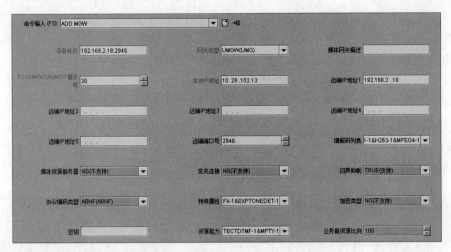

图 4-1-26　增加 UMG8900 媒体网关

4）配置 IUA 数据

（1）输入 ADD SG 命令，增加信令网关。增加一个内嵌式信令网关（内嵌在 UMG8900 内部），信令网关标识为 2，如图 4-1-27 所示。

图 4-1-27　增加信令网关

说明：

本例中使用 UMG8900 内嵌的信令网关来处理 IUA 协议，因此，命令中的"信令网关类型"参数必须设置为"嵌入式网关"；"设备标识"参数必须设置为 UMG8900 的设备标识，此处为 192.168.2.18：2946。

（2）输入 ADD IUALKS 命令，增加 IUA 链路集。增加一个 IUA 链路集，链路集索引为 2，设备类型为 PRA，接口标识类型采用整数型，如图 4-1-28 所示。

图 4-1-28　增加 IUA 链路集

说明：

● 链路集索引用于在 SoftX3000 设备中唯一标识一个 IUA 链路集，其取值范围为 0~65 534。

● 若无特殊情况，一般建议将链路集的传输模式设为"负荷分担模式"。

● 链路集的业务模式必须与信令网关侧保持一致，否则，该链路集下所有的 IUA 链路均将不能正常工作。

（3）输入 ADD IUALNK 命令，增加 IUA 链路。增加 1 条 IUA 链路，SoftX3000 为 Client 端，BSGI 模块号为 140，链路号为 2，本地 SCTP 端口号为 9902，对端端口号取默认值（即 9900），如图 4-1-29 所示。

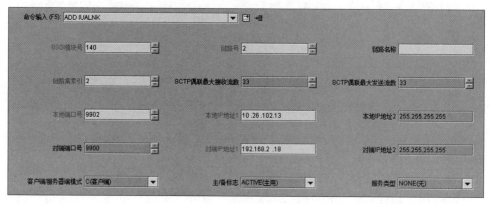

图 4-1-29　增加 IUA 链路

说明：

● 链路号用于指定该 IUA 链路在相应 BSGI 模块内的逻辑编号，其取值范围为 0～63。在同一个 BSGI 模块下，所有的 IUA 链路必须统一编号，即一个 BSGI 模块最大只支持 64 条 IUA 链路。

● 此命令中的"对端 IP 地址"必须为 UMG8900 用于 SIGTRAN 协议的 IP 地址，即为 192.168.2.18。

5）增加 PRA 链路数据

输入 ADD PRALNK 命令，增加 PRA 链路。增加 1 条 PRA 链路 2，信令链路电路号为 80，整数型接口标识为 2，信令类型为 DSS1 网络侧，如图 4-1-30 所示。

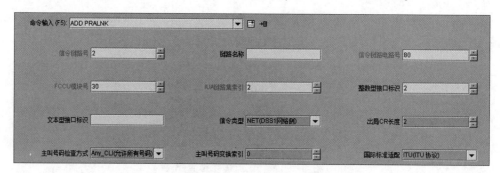

图 4-1-30　增加 PRA 链路

说明：

● 信令链路号用于指定该 PRA 链路在相应 FCCU 模块内的逻辑编号，即在同一个 FCCU 模块下，所有的 PRA 链路必须统一编号，实际取值范围为 0～999。

● 这里的 PRA 链路电路号是 SoftX3000 内部的逻辑电路号，其具体编号需要根据 ADD PRATKC 命令定义的"起始电路号"参数换算得出。由于 PRA 链路只能占用 E1 的第 16 时隙，因此，相应的换算公式为：PRA 链路电路号＝对应 PRA 中继群的起始电路号＋16。

● 对于由 IUA 承载的 PRA 链路，用户必须为其定义接口标识，用于在该 IUA 链路集承载的所有 PRA 用户的 D 通道信令消息中唯一标识该条 PRA 链路，对于不同的 PRA 链路，其相应的（整数型）接口标识不能相同。

● 用户必须将 SoftX3000 与 UMG8900 看成一个整体，且其相应 PRA 信令链路的类型必须配置成一致。在本实例中，SoftX3000 与 UMG8900 侧相应 PRA 信令链路的类型均为"DSS1 网络侧"。此时，PBX 侧相应 PRA 信令链路的类型必须为"DSS1 用户侧"；否则，PRA 链路将不能建链。

6）配置路由数据

（1）输入 ADD OFC 命令，增加局向。增加一个到 PBX 的局向，局向号为 200，如图 4-1-31 所示。

图 4-1-31　增加局向

说明：

● 根据同级局路由不能迂回的原则，由于对端局为 PBX，则对端局的级别应为"下级局"。

● 由于本局向中不包含 No.7 中继电路，因此，命令中的"DPC"参数不需输入。

（2）输入 ADD SRT 命令，增加子路由。子路由号为 200，如图 4-1-32 所示。

图 4-1-32　增加子路由

（3）输入 ADD RT 命令，增加路由。路由号为 200，如图 4-1-33 所示。

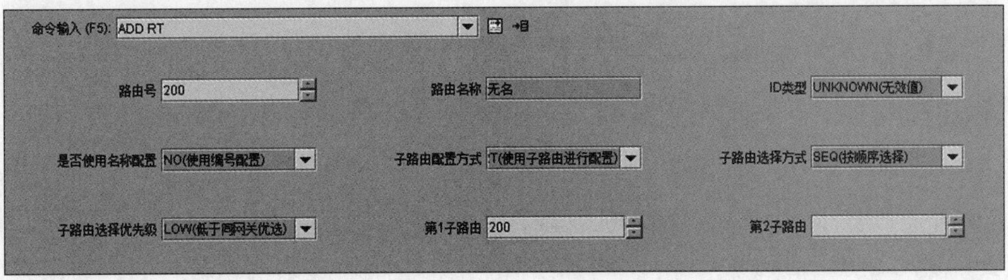

图 4-1-33　增加路由

191

（4）输入 ADD RTANA 命令，增加路由分析数据。增加本局用户到 PBX 的路由分析数据，路由选择码为 200，如图 4-1-34 所示。

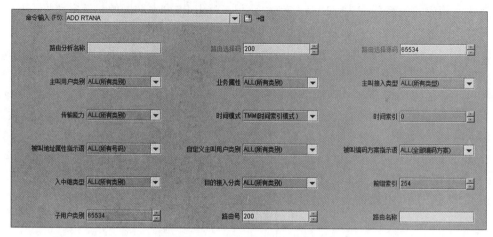

图 4-1-34　增加路由分析数据

 说明：

一般情况下，若无特殊需求，操作员应将命令中的"主叫用户类别""业务属性""主叫接入类型""传输能力""被叫地址属性指示语"等参数均设置为"全部"。

7）增加 PRA 中继数据

（1）输入 ADD PRATG 命令，增加 PRA 中继群。呼叫源码均为 62，主叫号码提供方式均为"TRK（中继线标识）"，如图 4-1-35 所示。

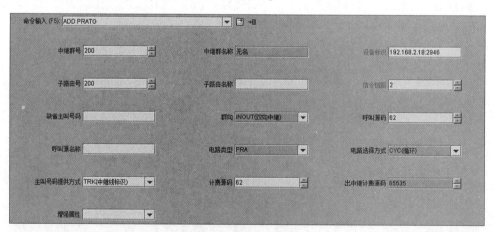

图 4-1-35　增加 PRA 中继群

 说明：

在默认的情况下，一条 PRA 信令链路只控制一个 PCM 系统，因此，当 SoftX3000 与 PBX 之间开通 N 条 E1 电路时，操作员就需要配置 N 个 PRA 中继群。

（2）输入 ADD PRATKC 命令，增加 PRA 中继电路。起始电路号：64，结束电路号：72，起始电路的终端标识：64，如图 4-1-36 所示。

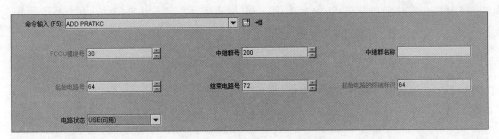

图 4-1-36　增加 PRA 中继电路

📖 说明：

• 命令中的"起始电路号"与"结束电路号"是 SoftX3000 内部对 No.7、PRA、R2、V5 等 E1 中继电路在某个 FCCU 模块内的统一逻辑编号，其在 UMG8900 侧的物理编号由"起始电路终端标识"参数指定。

• 命令中的"起始电路的终端标识"为与中继媒体网关侧的对接参数，标识了这批中继电路在所属中继媒体网关的起始电路时隙的编号。例如"TID"取值为 0，标识这批中继电路属于 UMG8900 侧的第 0 号 E1。

• 起始电路号与起始电路终端标识之差的绝对值必须是 32 的整数倍，如 0、32、64、96 等。

8）配置本局媒体网关数据

输入 ADD MGW 命令，增加媒体网关，采用 H.248 协议的 AMG，设备标识为 192.168.3.10：2945，FCCU 模块号 30，如图 4-1-37 所示。

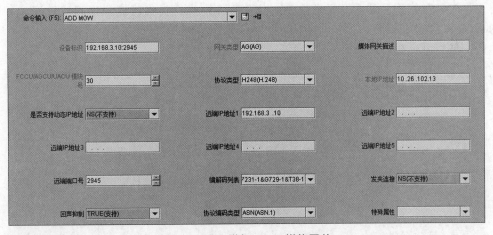

图 4-1-37　增加 AMG 媒体网关

📖 说明：

• 当 MG 采用 H.248 协议时，命令中的"设备标识"参数的格式为"IP 地址：端口号"，此处为 192.168.3.10：2945。

9）配置本局用户数据

输入 ADB VSBR 命令，增加语音用户。批增 2 个 ESL 用户。本地号首集 5，起始用户号码为 85300100，结束用户号码为 85300101，计费源码 12，呼叫源码 12。呼入、呼出权限：本局、本地、本地长途，如图 4-1-38 所示。

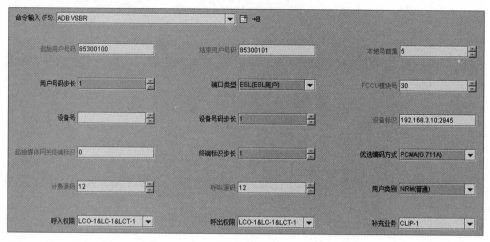

图 4-1-38　增加语音用户

 说明：

● 对于 AMG 而言，由于需要增加大量的用户，为提高数据配置的效率，一般使用批增命令 ADB VSBR。

● 不同厂家生产的 AMG，其用户端口的终端标识的编号方式是不同的，此处是从 0 开始编号的（有的 AMG 是从 1 开始编号的）。

● 若为 ESL 用户开通 CID（来电显示）功能，则操作员需将命令中的"补充业务"参数的"CLIP"选项选中。

10）配置号码分析数据

（1）输入 ADD CNACLD 命令，增加呼叫字冠 66664，本地号首集 5，本地长途、基本业务，路由选择码 200，计费选择码 62，如图 4-1-39 所示。

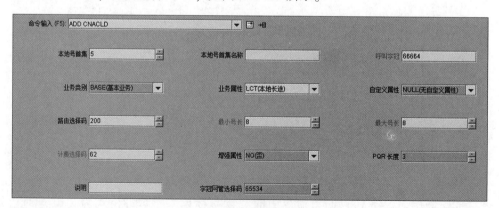

图 4-1-39　增加呼叫字冠

 说明：

● 当 SoftX3000 与 PBX 之间的 PRA 中继采用"中继方式"时，操作员仅需要将相应呼

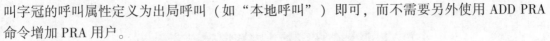

叫字冠的呼叫属性定义为出局呼叫（如"本地呼叫"）即可，而不需要另外使用 ADD PRA 命令增加 PRA 用户。

● 所谓中继方式，是指当 PRA 中继群上发生呼叫时，SoftX3000 对本次呼叫的权限控制、计费分析、限呼分析等是基于该 PRA 中继群的呼叫属性与计费属性来进行管理的。此时，对于入中继呼叫而言，系统将仅产生中继话单，而不产生用户话单。

（2）输入 ADD CNACLD 命令，增加呼叫字冠 8530，本地号首集 5，本局、基本业务，路由选择码 65535，计费选择码 12，如图 4-1-40 所示。

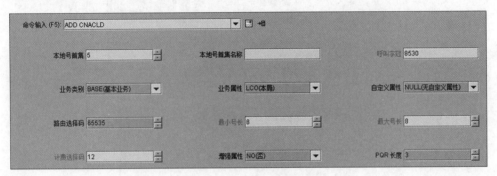

图 4-1-40　增加呼叫字冠

11）执行联机操作

（1）打开格式转换开关，同 2.3.4.3 节 3（1）。

（2）联机，同 2.3.4.3 节 3（2）。

2. UMG8900 设备侧配置

1）环境启动（离线配置工具）

教学中，UMG8900 不建议学生在线配置，而采用离线配置的方式练习。启动桌面的"本地维护终端"软件，如图 4-1-41 所示。

图 4-1-41　UMG8900 本地维护终端软件启动界面

单击"离线"按钮。选择 UMG8900 版本，单击"确定"按钮，如图 4-1-42 所示。

注：第一条 MML 命令执行后会提示保存，选择文件保存的路径，单击"保存"按钮。之后的配置步骤会被保存在该目录下的 TXT 文件中，如图 4-1-43 所示。

2）配置硬件数据

（1）输入 SET FWDMODE 命令，设置集中转发配置模式（三分式、集中式、二分式），如图 4-1-44 所示。

图 4-1-42　选择软件版本

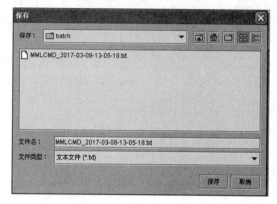

图 4-1-43　配置步骤保存文件设置

图 4-1-44　设置集中转发配置模式

 说明：

三分式：信令相关的控制流（H248、SIGTRAN）走 VPD 的控制网口，OMC 消息走位于 OMD 上的 OMC 网口，语音数据走 OMD 单板上的承载网口。

注："OMD 单板上的承载网口"实际上只是一个出线口，通过 OMU 板内置的 LAN Switch 与 VPU 板内的承载 IP 接口相连。VPU 板的承载 IP 接口用户在设备外观上看不到，用户只能看到 OMU 板扣板上的 FE 出线口（即 OMU 内置 LAN Switch 引出的 FE 口）。

（2）输入 SET FRMARC 命令，设置机框档案信息，如图 4-1-45 所示。

（3）输入 SET E1PORT 命令，设置 E32/T32/E63/T63 端口属性。槽位 1，对 OMU 单板的端口的帧格式、线路编码格式进行配置。帧格式、发送线路编码格式、接收线路编码格式需要与 PBX 或者 PSTN 交换设备设置一致，如图 4-1-46 所示。

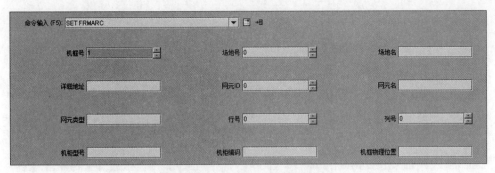

图 4-1-45 设置机框档案信息

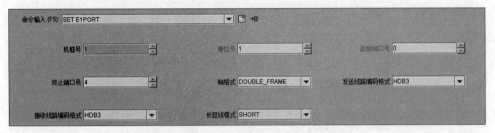

图 4-1-46 设置槽位 1 E32 0~4 端口属性

（4）输入 SET E1PORT 命令，设置 E32/T32/E63/T63 端口属性。槽位 1，对 OMU 单板的端口的帧格式、线路编码格式进行配置。帧格式、发送线路编码格式、接收线路编码格式需要与 PBX 或者 PSTN 交换设备设置一致，如图 4-1-47 所示。

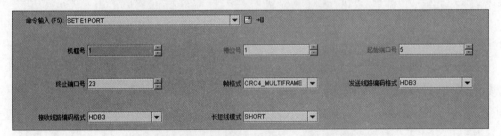

图 4-1-47 设置槽位 1 E32 5~23 端口属性

（5）输入 SET E1PORT 命令，设置 E32/T32/E63/T63 端口属性，槽位 2，如图 4-1-48 所示。

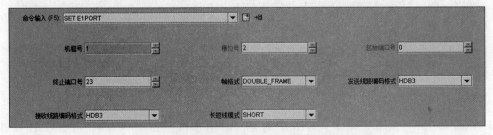

图 4-1-48 设置槽位 2 E32 0~23 端口属性

（6）输入 MOD IPIF 命令，修改 IP 接口配置。3 槽位 VPU 的 0 接口，走媒体数据，承载带宽 100M，如图 4-1-49 所示。

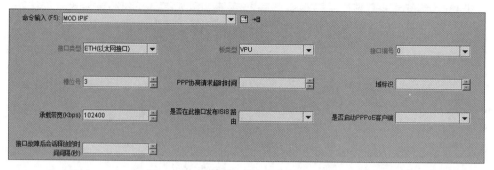

图 4-1-49　修改 3 槽位 IP 接口 0 配置

（7）输入 MOD IPIF 命令，修改 IP 接口配置。3 槽位 VPU 的 1 接口，走信令数据，如图 4-1-50 所示。

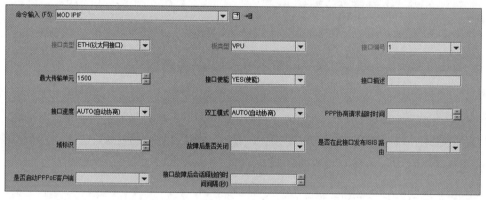

图 4-1-50　修改 IP 接口 1 配置

（8）输入 MOD IPIF 命令，修改 IP 接口配置。4 槽位 VPU 的 0 接口，走媒体数据，承载带宽 100M，如图 4-1-51 所示。

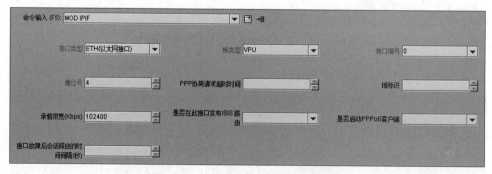

图 4-1-51　修改 4 槽位 IP 接口 0 配置

（9）输入 ADD IPADDR 命令，增加 IP 地址。OMC 地址类型，192.168.1.12，如图 4-1-52 所示。

（10）输入 ADD IPADDR 命令，增加 IP 地址。VPD 控制地址类型，192.168.2.18，如图 4-1-53 所示。

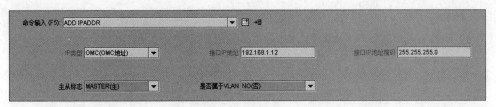

图 4-1-52 增加 OMC IP 地址

图 4-1-53 增加 VPD 控制 IP 地址

（11）输入 ADD IPADDR 命令，增加 IP 地址。VPD 承载地址类型，192.168.3.20，如图 4-1-54 所示。

图 4-1-54 增加 VPD 承载 IP 地址

（12）输入 MOD CLKSRC 命令。参考源数据配置，如图 4-1-55 所示。

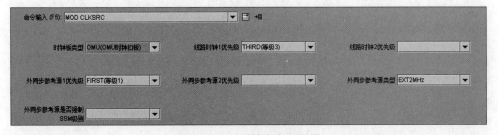

图 4-1-55 时钟参考源配置

（13）输入 ADD ROUTE 命令。增加静态路由，如图 4-1-56 所示。

图 4-1-56 增加静态路由

注：192.168.1.1 为操作维护面的网关地址。

（14）输入 ADD GWADDR 命令，配置信令面网关地址，如图 4-1-57 所示。

图 4-1-57　配置信令面网关地址

（15）输入 ADD GWADDR 命令，配置媒体面网关地址，如图 4-1-58 所示。

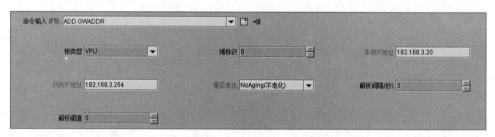

图 4-1-58　配置媒体面网关地址

3）配置媒体网关数据

（1）输入 SET VMGW 命令，设置虚拟媒体网关。网关号：0，标识类型：IP 地址形式，标识：192.168.2.18：2944，如图 4-1-59 所示。

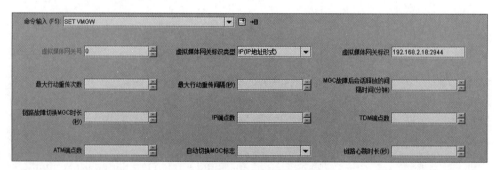

图 4-1-59　设置虚拟媒体网关

（2）输入 ADD MGC 命令，增加媒体网关控制器。标识类型：IP 地址形式，标识：10.26.102.13：2944，如图 4-1-60 所示。

（3）输入 SET H248PARA 命令，配置 H.248 协议参数。文本编解码，UDP，不使用消息鉴权，如图 4-1-61 所示。

（4）输入 ADD H248LNK 命令，增加 H.248 信令链路。链路号 0，虚拟媒体网关号 0，网关控制器号 0，传输协议类型 UDP，本地 IP：192.168.2.18，端口号 2946，目的主地址：10.26.102.13，端口号 2944，如图 4-1-62 所示。

图 4-1-60　设置虚拟媒体网关控制器

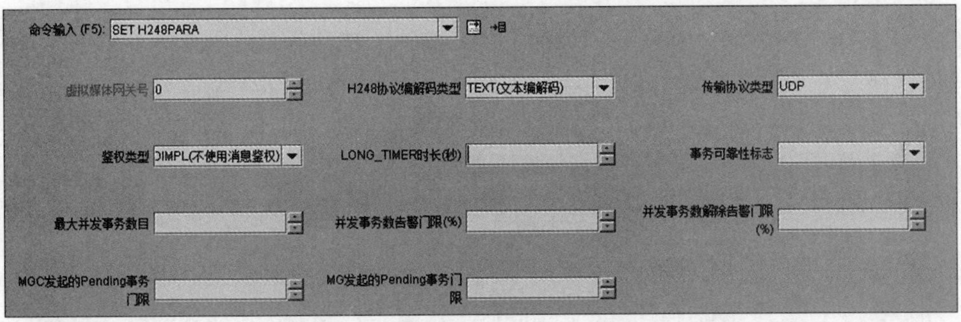

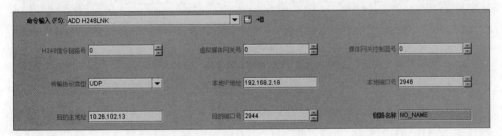

图 4-1-61　配置 H. 248 协议数据

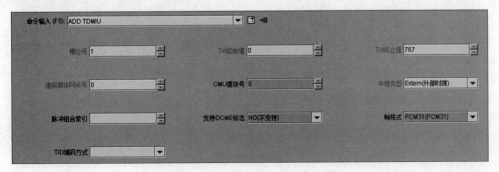

图 4-1-62　增加 H. 248 信令链路

（5）输入 ADD TDMIU 命令，增加 TDM 端点配置。增加 TMD 接口板的时隙，配置后的时隙才可用于承载业务。槽位号 1，TID 起始值 0，TID 终止值 767，虚拟媒体网关号 0，中继类型：外部时隙，如图 4-1-63 所示。

图 4-1-63　增加 TDM 端点配置

4）配置信令网关数据

（1）输入 ADD L2UALKS 命令，增加 L2UA 链路集索引 0，协议类型 IUA，如图 4-1-64 所示。

图 4-1-64　增加 IUA 链路集

（2）输入 ADD L2UALNK 命令，增加 L2UA 链路。链路号 0，协议类型 IUA，SPF 板板组号 1，链路号 0，链路集索引 0，本地 IP 地址：192.168.2.18，端口号 9900，远端地址：10.26.102.13，端口号 9902，客户端/服务器：服务器，优先级 0，如图 4-1-65 所示。

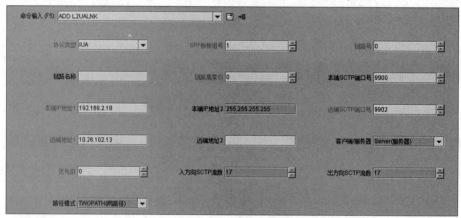

图 4-1-65　增加 IUA 链路

（3）输入 ADD Q921LNK 命令，增加 Q.921 信令链路。链路号 0，链路集索引 0，接口板类型 OMU，接口板板组号 1，E1T1 号 2，时隙号 16，整型接口 ID 2，SPF 板板组号 1，网络侧，如图 4-1-66 所示。

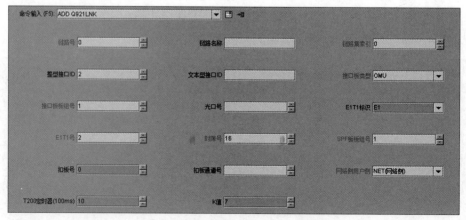

图 4-1-66　增加 Q.921 信令链路

5）配置用户管理数据

（1）输入 SET FTPSRV 命令，设置 FTP 服务器参数，如图 4-1-67 所示。

图 4-1-67　设置 FTP 服务器参数

（2）输入 ADD FTPUSR 命令，添加 FTP 用户。用户名 umg8900，密码：123，如图 4-1-68 所示。

图 4-1-68　添加 FTP 用户

（3）输入 SET ENGINEID 命令，设置本地 SNMP 引擎标识：800007DB01C0A800FD，如图 4-1-69 所示。

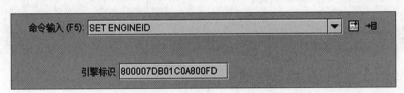

图 4-1-69　设置本地 SNMP 引擎标识

（4）输入 SET CCDIGITMAP 命令，设置 STANDALONE 拨号方案，用于收号，如图 4-1-70 所示。

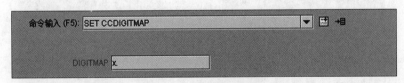

图 4-1-70　设置拨号方案

（5）输入 ADD ATONE 命令，增加异步音——回铃音，如图 4-1-71 所示。

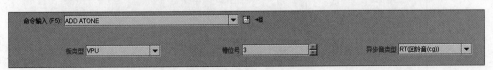

图 4-1-71　增加回铃音

（6）输入 ADD ATONE 命令，增加异步音——忙音，如图 4-1-72 所示。

图 4-1-72　增加忙音

（7）输入 ADD ATONE 命令，增加异步音——回铃音前置音，如图 4-1-73 所示。

图 4-1-73　增加回铃前置音

（8）输入 ADD ATONE 命令，增加异步音——线路锁定音，如图 4-1-74 所示。

图 4-1-74　增加线路锁定音

（9）输入 ADD ATONE 命令，增加异步音——中继放音测试音，如图 4-1-75 所示。

图 4-1-75　增加中继放音测试音

3. MD150A 设备侧配置

MD150A 的配置界面如图 4-1-76 所示，需要对其分机和中继等内容进行配置。限于篇幅，这里不做介绍。

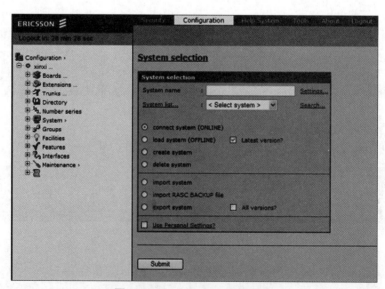

图 4-1-76　MD150A 配置界面

4.1.4.4 实验任务

（1）根据任务规划数据完成组网简图（图4-1-77）的连接。

（2）根据下面规划数据进行 SoftX3000 侧和 UMG8900 设备侧的配置，实现 MD150A 与 SoftX3000 采用 DSS 1 信令的准确对接、UA5000 设备下本局用户和 PBX 下级局用户间的互拨互通，并且各用户均开通 CID（来电显示）功能。

SoftX3000 设备侧：

①FCCU 板模块号：22，BSGI 模块号：136。

②信令网关标识：0；IUA 链路集索引：0；IUA 链路号：0；PRA 信令链路：0。

③局向号：100，子路由号：100，路由号：100，路由选择码：100。

④中继群号：100，计费源码：62，呼叫源码：62。

⑤SoftX3000 与 UMG8900、PBX 之间的主要对接参数规划，见表4-1-6、表4-1-7。

表 4-1-6 SoftX3000 与 UMG8900 之间对接参数表

序号	对接参数项	参数值
1	SoftX3000 与 UMG8900 之间采用的控制协议	H.248 协议
2	H.248 协议的编码类型	ASN.1（二进制方式）
3	SoftX3000 的 IFMI 板的 IP 地址	10.26.102.13
4	UMG8900 用于 H.248 协议的 IP 地址	10.26.102.18
5	UMG8900 用于 SIGTRAN 协议的 IP 地址	10.26.102.18
6	SoftX3000 侧 H.248 协议的本地 UDP 端口号	2944
7	UMG8900 侧 H.248 协议的本地 UDP 端口号	2944
8	SoftX3000 侧（Client 端）IUA 链路的本地 SCTP 端口号	9900
9	UMG8900 侧（Server 端）IUA 链路的本地 SCTP 端口号	9900
10	UMG8900 支持的语音编解码方式	PCMA，PCMU，G.723.1，G.726，T38，AMR，H.261，H.263，MPEG4
11	UMG8900 的 E1 的编号方式	从 0 开始
12	UMG8900 的终端标识（即 E1 时隙）的编号方式	从 0 开始
13	SoftX3000 侧 PRA 中继群的 E1 编号	0
14	UMG8900 侧对应于 PRA 中继群的 E1 标识	0
15	PRA 链路 0 的接口标识（整数型）	0（需要与 UMG8900 侧一致）

表 4-1-7　SoftX3000 与 PBX 之间对接参数表

序号	对接参数项	参数值
1	SoftX3000 侧 DSS1 信令的类型（UMG8900 侧必须与 SoftX3000 侧保持一致）	网络侧
2	PBX 侧 DSS1 信令的类型	用户侧
3	PRA 链路电路号（SoftX3000 侧）	16
4	PRA 链路电路号的终端标识（UMG8900 侧）	16
5	PRA 中继电路的选择方式	采用循环选线方式
6	PRA 中继电路起始电路号、结束电路号	0，9
7	PRA 中继电路起始电路的终端标识	0
8	PBX 用户的呼叫字冠	66662，本地号首集 0，本地长途，基本业务，路由选择码 100，计费选择码 62

⑥UA5000 设备下的两个语音用户规划为本局用户，对接参数和用户信息规划见表 4-1-8。

表 4-1-8　SoftX3000 与 UA5000 对接参数表

序号	对接参数项	参数值
1	SoftX3000 与 AMG 之间采用的控制协议	H.248 协议
2	H.248 协议的编码类型	ABNF（文本方式）
3	SoftX3000 的 IFMI 板的 IP 地址	10.26.102.13
4	AMG 的 IP 地址	192.168.3.15
5	SoftX3000 侧 H.248 协议的本地 UDP 端口号	2944
6	AMG 侧 H.248 协议的本地 UDP 端口号	2944
7	AMG 支持的语音编解码方式	G.711A，G.711μ，G.723.1，G.729，T38
8	用户 A 的电话号码，终端标识，号首集，呼叫源码，计费源码，呼入、呼出权限，补充业务	66660040，0，0，1，1，本局、本地、本地长途，主叫线识别提供
9	用户 B 的电话号码，终端标识，号首集，呼叫源码，计费源码，呼入、呼出权限，补充业务	66660041，1，0，1，1，本局、本地、本地长途，主叫线识别提供

⑦本局用户呼叫字冠 6666，本地号首集 0，本局，基本业务，路由选择码 65535，计费选择码 1。

⑧"基础数据配置"脚本见二维码部分的附录 3。

UMG8900 设备侧：

媒体网关数据规划见表 4-1-9。

表 4-1-9　UMG8900 侧媒体网关数据规划

序号	准备项	数据采集
1	承载 H.248 链路的本端地址	10.26.102.18/24
2	承载 H.248 链路的对端地址	SoftX3000：10.26.102.13/24
3	承载 H.248 链路的本端端口号	2944
4	承载 H.248 链路的对端端口号	2944
5	H.248 协议参数	文本编解码、UDP、不鉴权
6	TDM 承载资源	1 槽位 OMU 板 TID：0~767
7	IP 承载资源	3 槽位 VPU 板承载 IP 地址：192.168.3.20/24 网关地址：192.168.3.254/24

信令网关数据规划见表 4-1-10。

表 4-1-10　UMG8900 侧信令网关数据规划

序号	准备项	数据采集
1	承载 IUA 链路的本端地址	10.26.102.18/24
2	承载 IUA 链路的对端地址	SoftX3000：10.26.102.13/24
3	承载 IUA 链路的本端端口号	9900
4	承载 IUA 链路的对端端口号	9900
5	L2UA 链路集	0
6	L2UA 链路	0
7	PRA 链路占用的 TDM 时隙	0 号 PRA 链路建立在 1 号槽 OMU 板 0 号 E1 端口的 TS 16
8	PRA 链路的整形接口标识	0

4.1.4.5　调测指导

在配置完 SoftX3000 与 PBX 交换机（采用 H.248 协议、IUA 协议）对接数据后，用户可以按照调测步骤进行业务验证。

检查网络连接是否正常。

在 SoftX3000 客户端使用 ping 命令，或者在接口跟踪任务中使用 ping 工具，检查 SoftX3000 与 UMG8900 之间的网络连接是否正常：

网络连接正常，则继续后续步骤。

网络连接不正常，则在排除网络故障后继续后续步骤。

（1）检查 UMG8900 是否已经正常注册。

在 SoftX3000 的客户端上使用 DSP MGW 命令，查询该 UMG8900 是否已经正常注册，然后根据系统的返回结果决定下一步的操作：

查询结果为"Normal"，表示 UMG8900 正常注册，数据配置正确。

查询结果为"Disconnect"，表示 UMG8900 曾经进行过注册，但目前已经退出运行。此时，需要确认双方的配置数据是否曾经被修改过。

查询结果为"Fault"，表示网关无法正常注册。此时，使用 LST MGW 命令检查设备标识、远端 IP 地址、远端端口号、编码类型等参数的配置是否正确。

（2）检查 IUA 链路的状态是否正常。

在 SoftX3000 的客户端上使用 DSP IUALNK 命令，查询相关 IUA 链路的状态是否正常，然后根据系统的返回结果决定下一步的操作：

查询结果为"Active"，表示 IUA 链路状态正常，数据配置正确。

查询结果为"InActive"，表示 IUA 链路处于未激活状态。此时，可以使用 ACT IUALNK 命令尝试激活链路。

查询结果为"Not Established"，表示 IUA 链路处于未建立状态。此时，首先使用 LST IUALKS 命令检查 IUA 链路集的传输模式与信令网关（UMG8900 内嵌）侧是否一致，然后再使用 LST IUALNK 命令检查本地端口号、本地 IP 地址、远端端口号、远端 IP 地址等参数的配置是否正确。

（3）检查 PRA 链路的状态是否正常。

在 SoftX3000 的客户端上使用 DSP PRALNK 命令，查询相关 PRA 链路的状态是否正常。如果状态不正常，使用 LST PRALNK 命令检查模块号、IUA 链路集索引、链路电路号、接口标识、信令类型等参数的配置是否正确。

（4）检查 PRA 中继电路的状态是否正常。

在 SoftX3000 的客户端上使用 DSP N1CCN 命令，查询相关 PRA 中继电路的状态是否正常。如果状态不正常，使用 LST TG、LST TKC 等命令检查设备标识、起始电路号、起始电路终端标识等参数的配置是否正确。

（5）拨打电话进行通话测试。

若上述检查一切正常，则可以在软交换局使用电话拨打 PBX 的用户进行测试，若通话正常，则说明数据配置正确；若不能通话或通话不正常，则请使用 LST PRA 命令检查 PRA 中继群号、呼入权限、呼出权限、CLIP 业务等参数的配置是否正确，并请依次使用 LST RTANA、LST RT、LST SRT、LST TG 等命令检查路由选择码、路由号、子路由号、中继群号等参数的索引关系是否正确。

 说明：

若 SoftX3000 侧数据配置正确，确认对端 PBX 侧的数据配置是否正确。

4.1.5 任务验收

根据任务规划数据完成组网简图（图 4-1-77）的连接。

填写工作任务单，见表 4-1-11。

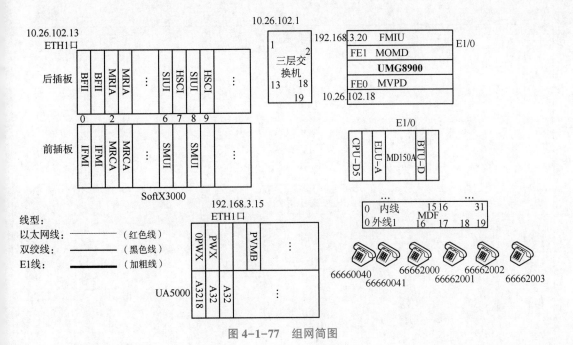

图 4-1-77　组网简图

表 4-1-11　工作任务单

工作任务				
小组名称		工作成员		
工作时间		完成总时长		
工作任务描述				
小组分工	姓名	工作任务		
任务执行结果记录				
序号	工作内容		完成情况	操作员
1				
2				
3				
4				

任务实施过程记录

任务评价表见表 4-1-12。

表 4-1-12　任务评价表

评价类型	赋分	序号	具体指标	分值	得分		
					自评	组评	师评
职业能力	65	1	组网简图连接正确	15			
		2	数据配置内容完备、正确，电话互拨正常，无告警	45			
		3	陈述项目完成的思路、经过和遇到的问题，表达清晰	5			
职业素养	20	1	坚持出勤，遵守纪律	5			
		2	协作互助，解决难点	5			
		3	按照标准规范操作	5			
		4	持续改进优化	5			
劳动素养	15	1	按时完成，认真填写记录	5			
		2	保持工位卫生、整洁、有序	5			
		3	小组分工合理	5			

4.1.6　回顾与总结

总结反馈表见表 4-1-13。

表 4-1-13　总结反馈表

总结反思		
目标达成：知识□□□□□　能力□□□□□　素养□□□□□		
学习收获：		老师寄语：
问题反思：		
		签字：＿＿＿＿＿＿＿

问题与讨论：

（1）什么是信令？请阐述信令的作用和分类。

（2）请画出 SIGTRAN 协议的分层结构。

（3）请谈谈你对 SIGTRAN 协议的理解。

（4）请画出 No.7 信令网的结构。

（5）请列举 SCTP 协议的特点。

（6）SCTP 的连接可以是多宿主连接，怎么理解？

（7）DSS1（1 号）信令在 UMG8900 的电路交换侧和分组交换侧分别采用什么链路承载？

任务 4.2　SoftX3000 与 PSTN 交换机对接

4.2.1　任务描述

SoftX3000 与 PSTN 交换机对接是在 NGN 软交换系统中，软交换设备与电路交换域交换机互联的一种场景，各交换机（局）下语音和多媒体用户间的通信是局间长途业务的一种。本任务提供 SoftX3000 与 PSTN 交换机对接的典型组网、组网连接方式、对接涉及的各设备侧的数据规划和配置指导，并给出工作任务，让读者在工程项目中"做中学"，掌握 SoftX3000 与 PSTN 交换机对接的组网、协议对接与长途业务数据配置的技能，加强对软交换设备与基于电路交换的公网级交换机间对接涉及的网关设备、No.7信令协议、中继用户的理解与应用能力。

本任务的具体要求是:

(1) 完成 SoftX3000 与 PSTN 交换机对接典型组网简图连接。

(2) 根据数据规划,完成 SoftX3000 侧、UMG8900 侧的数据配置。

(3) 验证 SoftX3000 交换机局用户和 PSTN 交换机局用户间的国内长途语音业务。

4.2.2 学习目标和实验器材

学习完该任务,您将能够:

(1) 掌握 SoftX3000 与 PSTN 交换机对接的典型组网方法。

(2) 掌握 SoftX3000 与 PSTN 交换机对接时 SoftX3000 侧和 UMG8900 侧的数据配置流程、命令,知晓相关注意事项。

(3) 根据数据规划,完成 SoftX3000 侧和 UMG8900 侧的数据配置及国内长途业务调测。

实验器材:SoftX3000 设备、BAM 服务器、二层交换机、三层交换机、CC08 交换机、UMG8900、UA5000、模拟话机、华为 LMT 本地维护终端软件、e-Bridge 软件、计算机等。

4.2.3 知识准备

4.2.3.1 整体介绍

传统 PSTN 交换机通过 UMG 通用媒体网关设备接入 NGN 软交换系统的示意图如图 4-1-1 所示。

当 SoftX3000 与传统 PSTN 网络进行互通组网时,一般采用 No.7 信令作为局间信令。对于 PSTN 交换机而言,其 No.7 信令只能基于 MTP 链路承载;而对于 SoftX3000 而言,其 No.7 信令则可以具有多种承载方式。当 SoftX3000 侧的 No.7 信令基于 M2UA 链路承载时,其典型组网如图 4-2-1 所示。

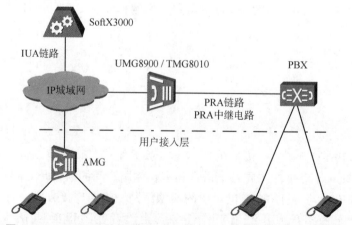

图 4-2-1 PSTN 交换机通过 UMG 接入 NGN 软交换系统的示意图

4.2.3.2　设备介绍

1. CC08 交换机

华为 CC08 可以作为端局、本地网交换局、大容量交换中心和综合业务平台使用，能提供丰富的业务和功能，支持语音、数据、视频等信息的传递，能适应家庭用户和集团用户的各种需求。

图 4-2-2 所示的 CC08 机架由 BAM 后管理服务器、主控框、时钟框、中继框、用户框组成。

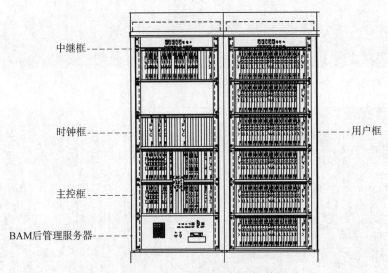

图 4-2-2　CC08 交换机的机框单板

各实物框图如 4-2-3~图 4-2-6 所示。

图 4-2-3　主控框 1

MPU：主处理板，是整个交换机的核心，对交换机进行管理和控制。

BNETA：中心交换网板，所有信号都在该板交换，完成用户连接。

NOD：主节点板，用于 MPU 与用户/中继之间的通信，起桥梁作用。

LAP：No.7 信令处理板，接收和发送 No.7 信令消息。

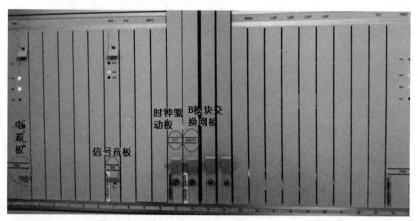

图 4-2-4　主控框 2

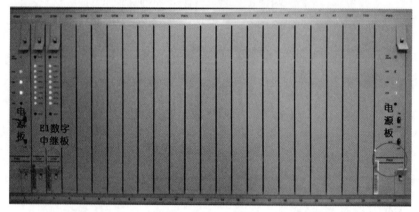

图 4-2-5　中继框

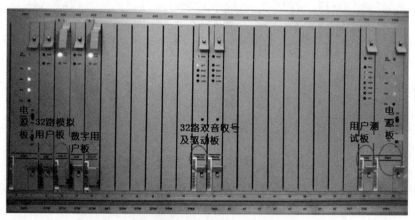

图 4-2-6　用户框

SIG：信号音板，提供交换机接续时需要的各种信号音。

CKV：时钟驱动板。

ALM：告警板，为外接告警箱提供信号驱动和连接功能。

DTM：E1 数字中继板。

A32：32 路模拟用户板。

DSL：数字用户板。

DRV：双音驱动板，提供双音信号的收发和解码，为 A32 提供驱动电路。

TSS：用户测试板，测试用户内外线。

2. 接线箱

接线箱又叫端子箱，其作为线路过渡连接、线路跳接、跨接用的箱体，里面安装有接线端子，如图 4-2-7 所示。

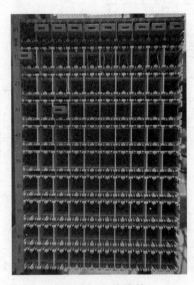

图 4-2-7　接线箱

4.2.3.3　组网示例

SoftX3000 与 CC08 交换机对接组网的示意图如图 4-2-8 所示。

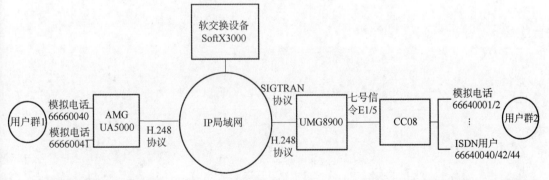

注：SoftX3000是NGN网络的交换机，本局，信令点编码333333，本地号首0，区号10；CC08程控交换机是一个同级局，
信令点编码222222，本地号首1，区号21。

图 4-2-8　**SoftX3000 设备与 CC08 交换机对接组网示意图**

4.2.3.4 组网连接方法

与上述组网示意图相对应的连接简图如图 4-2-9 所示。

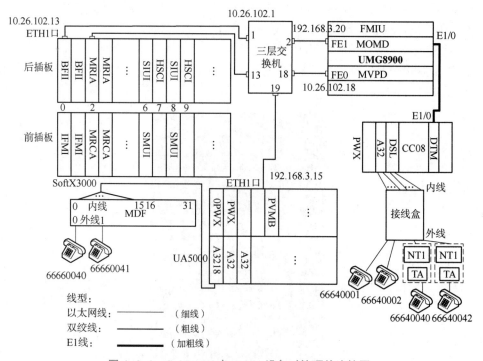

图 4-2-9 SoftX3000 与 CC08 设备对接硬件连接图

任务 4.2 SOFTX3000 与 PSTN 交换机对接

系统维护与故障处理

项目介绍

系统日常维护和故障定位、处理是通信网络运行与维护的重要内容。本项目以 SoftX3000 系统为例，介绍系统维护和故障处理的方法。

知识图谱

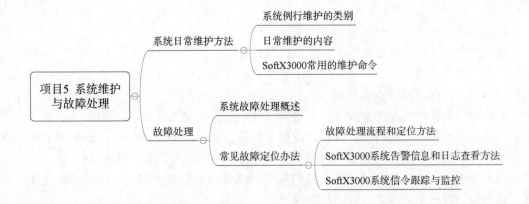

学习要求

1. 按照知、学、做、巩固四个环节进行各任务的学习。可借助本教材配套的线上开放优质课程资源，如授课 PPT、授课视频、课题讨论、作业与测试等，提升学习效率和效果。

2. 通过组员间相互协作，加强沟通交流能力，培养团队意识。

任务 系统维护与故障处理

任务描述

NGN 软交换系统的系统维护和故障定位是两项不可或缺的重要任务。本任务学习系统日常维护方法、故障处理定位方法等内容。

学习目标和实验器材

学习完该任务，您将能够：

（1）列举软交换系统日常维护的至少三种方法。

（2）说出故障处理的一般流程。

（3）列举至少两种常见故障定位方法。

实验器材：无。

知识准备

系统日常维护方法

1. 系统例行维护

例行维护是一种预防性的维护，它是指在设备的正常运行过程中，为及时发现并消除设备所存在的缺陷或隐患、维持设备的健康水平，从而使系统能够长期安全、稳定、可靠地运行而对设备进行的定期检查与保养。

按照维护实施的周期长短来分，可将例行维护分为日常维护和定期维护。

日常维护是指每天进行的，维护过程相对简单，并可由一般维护人员实施的维护操作，如机房环境检查、供电系统检查、话单系统检查、告警系统检查等。目的是：

（1）及时发现设备所发出的告警或已存在的缺陷，并采取适当的措施予以恢复和处理，维持设备的健康水平，降低设备的故障率。

（2）及时发现并处理计费、话单系统在运行过程中所出现的非正常现象，避免或降低由于话单丢失而造成的经济损失。

（3）实时掌握设备和网络的运行状况，了解设备或网络的运行趋势，提高维护人员对突发事件的处理效率。

定期维护是指按一定周期进行的、维护过程相对复杂，并且多数情况下须由经过专门培训的维护人员实施的维护操作，如检查线缆系统、测量接地电阻、进行设备除尘等。定期维护的目的是：

（1）通过定期维护和保养设备，使设备的健康水平长期处于良好状态，确保系统能够安全、稳定、可靠运行。

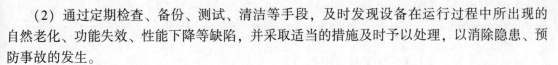

（2）通过定期检查、备份、测试、清洁等手段，及时发现设备在运行过程中所出现的自然老化、功能失效、性能下降等缺陷，并采取适当的措施及时予以处理，以消除隐患、预防事故的发生。

2. 日常维护的内容

（1）机房环境：温度、湿度、消防、防尘、防盗。

（2）供电系统：机柜供电、交换机供电、服务器供电、业务机框供电等。

（3）终端系统：BAM 的硬件与软件运行、通信状况，iGWB 的硬件与软件运行、通信状况，应急工作站的硬件运行、通信、文件备份状况，BAM 网关通信程序的运行状况。

（4）告警系统：配电框监控、告警板监控、告警箱监控、告警台监控（仔细查看并确认每一条告警信息，系统在当前时间段应不存在致命级别的告警，配电框、风扇框的告警，网关注册、SIP/H.323 终端注册、MTP 链路、PRA 链路、SCCP 链路、SIGTRAN 链路、V5 接口、中继电路等类别的严重告警）。

（5）话单系统：话单告警、主机话单池的状态、iGWB 话单文件的生成和备份。

（6）设备运行：配电框、风扇框、机框、BAM、iGWB、时钟板锁相环的运行状况，FE 端口、E1 端口状态，CPU 占用率，双归属工作状态。

（7）业务运行：TG、AG、UMG 注册状态检查，中继电路状态检查。

（8）话务统计：话务统计任务运行要处于激活状态、话务统计结果查询正常。

3. SoftX3000 常用的维护命令

SoftX3000 设备常用的维护命令见表 5-1-1。

表 5-1-1　SoftX3000 设备常用维护命令

功能大类	命令功能	MML 命令
系统管理	备份 BAM 数据库	BKP DB
	备份补充业务数据	BKP SS
	备份 IPN 业务数据	BKP IPN
	查询双归属的工作状态	DSP DHSTA
	查询模块的版本号	DSP EXVER
	查询单板的版本号	DSP BVER
	查询补丁的版本号	DSP PATCHVER
	查询补丁的状态	DSP PATCH
	查询系统的日志信息	LST LOG
	查询 BAM 的系统时间	DSP TIME
设备管理	查询 PDB（配电风扇框）的状态	DSP PDB
	查询机架的环境状态	DSP ENVSTAT
	查询业务机框的运行状态	DSP FRM
	查询风扇框的运行状态	DSP FAN

功能大类	命令功能	MML 命令
设备管理	查询单板通信端口的状态	DSP COMM
	查询模块的内存使用状态	DSP MEM
	查询模块的 CPU 占用率	DSP CPUR
	查询 FE/E1 端口的状态	DSP PORT
	查询 CKII 板时钟锁相环的状态	DSP CLKPH
	查询 EPII 板的时钟状态	DSP CLKSTAT
	查询 MRPA 板的版本信息	DSP MRPAVER
	查询 MRPA 板的运行状态	DSP MRPASTAT
	查询 MRPA 板上语音文件的状态	DSP MRPAWFILE
	查询 MRPA 板的运行参数	DSP MRPAPAR
	查询 MRPA 板上的资源信息	DSP MRPARES
	查询 MRPA 板的 CPU 占用率	DSP MRPACPU
媒体网关管理	激活媒体网关的配置	ACT MGW
	查询 MGCP、H.248、SIP、H.323 等用户终端的状态	DSP EPST
信令协议管理	IP 协议的 ping 功能	PING
	查询 MGCP 协议的版本信息	DSP MGCPVER
	查询 H.248 协议的版本信息	DSP H248VER
	查询 M2UA 协议的版本信息	DSP M2VER
	查询 M2UA 链路的状态	DSP M2LNK
	查询 M3UA 协议的版本信息	DSP M3VER
	查询 M3UA 链路的状态（按链路号查询）	DSP M3LNK
	查询 M3UA 链路的状态（按目的实体查询）	DSP M3DLNK
	查询 M3UA 链路的状态（按链路集查询）	DSP M3LSLNK
	查询 M3UA 路由的状态	DSP M3RT
	查询 V5UA 协议的版本信息	DSP V5UAVER
	查询 V5UA 链路的状态	DSP V5UALNK
	查询 IUA 协议的版本信息	DSPIUAVER
	查询 IUA 链路的状态	DSPIUALNK
	查询 SCTP 协议的版本信息	DSP SCTPVER
	查询 SCTP 偶联的状态	DSP SCTPAM
	查询激活的 SCTP 偶联的状态	DSP SCTPAR
	查询 MTP2 协议的版本信息	DSP MTP2VER

续表

功能大类	命令功能	MML 命令
信令协议管理	查询 MTP2 链路的状态	DSP MTP2LNK
	查询 MTP 链路的状态（按链路号查询）	DSP N7LNK
	查询 MTP 链路的状态（按目的信令点查询）	DSP N7DLNK
	查询 MTP 链路的状态（按链路集查询）	DSP N7LSLNK
	查询 MTP 路由的状态	DSP N7RT
	查询 SCCP 远端信令点的状态	DSP SCCPDSP
	查询 SCCP 子系统的状态	DSP SCCPSSN
	查询 V5 接口的状态	DSP V5IFC
	查询 V5 链路的状态	DSP V5LNK
中继电路管理	查询所有类型的中继电路的状态	DSP TKC
	查询 R2、PRA 中继电路的状态	DSPN1C
	查询 No. 7 中继电路的状态（按通道号查询）	DSP N7C
	查询 No. 7 中继电路的状态（按局向号查询）	DSP OFTK
中继电路管理	查询 V5 中继电路的状态	DSP V5TK
话单管理	查询主机话单池的状态	DSP BILPOL
	查询计次表的状态	DSP BILMTR
	开始立即取话单操作	STR BILIF
	停止立即取话单操作	STP BILIF
	开始自动取话单操作	STR BILAF
	停止自动取话单操作	STP BILAF
	更新计次表操作	RST BILPOL
	查询历史话单（在 iGWB 上的话单）	LST AMA
	备份计次表	BKP MTR
	备份话单数据库	BKP BILDB
话务统计	查询话务统计任务信息	LST TRFINF
	查询话务统计输出报告信息	LST TRFRPT

系统故障处理概述

故障或者事件发生时，系统会通过告警给出重要的提示信息。

故障处理即告警处理，对告警的管理概念包括告警类别、告警级别、告警事件类型。

告警的类别分为故障告警和事件告警两类，见表 5-1-2。

表 5-1-2　告警的类别

告警类别	描述
故障告警	由于硬件设备故障或某些重要功能异常而产生的告警，如单板故障、链路故障。通常故障告警的严重性比事件告警的高。故障告警发生后，根据故障所处的状态，可分为恢复告警和活动告警
事件告警	事件告警是设备运行时的一个瞬间状态，只表明系统在某时刻发生了某一预定义的特定事件，如通道拥塞，并不一定代表故障状态。某些事件告警是定时重发的，事件告警不分恢复告警和活动告警

如果故障已经恢复，该告警处于"恢复"状态，称为恢复告警。

如果故障尚未恢复，该告警处于"活动"状态，称为活动告警。

告警的级别用于识别一条告警的严重程度，分为 4 种：紧急告警、重要告警、次要告警和提示告警，见表 5-1-3。

表 5-1-3　告警的级别

告警级别	定义	处理方法
紧急告警	告警影响到系统提供的服务，必须立即处理。即使该告警在非工作时间内发生，也需立即采取措施	需要紧急处理，否则，系统有瘫痪危险
重要告警	告警影响到服务质量，需要在工作时间内处理，否则会影响到重要功能的实现	需要及时处理，否则，会影响重要功能的实现
次要告警	告警未影响到服务质量，但为了避免更严重的故障，需要在适当时候进行处理或进一步观察	提醒维护人员及时查找告警原因，消除告警隐患
提示告警	指示可能有潜在的错误，影响到提供的服务，根据不同的错误采取相应的措施	只要对系统的运行状态有所了解即可

告警事件的类型可将产生的告警分为 10 类，如图 5-1-1 所示。

图 5-1-1　告警事件的类型

常见故障定位方法

1. 故障处理流程和定位方法

故障处理的一般流程是信息收集、故障分类、定位故障、排除故障，如图 5-1-2 所示。

图 5-1-2　故障处理的一般流程

常见的故障定位方法有：

（1）数据分析：收集配置数据信息，定位故障原因。

（2）告警分析：通过查看告警，及时发现系统运行中的故障信息，并根据告警建议及时进行故障定位和排除。

（3）信令分析：信令用于记录通话建立的全过程，通过信令分析，查找出呼叫建立失败的可能故障原因，从而尽快解决故障。

（4）网络分析：使用 ping 命令查看网络互通、延迟、丢包等异常现象。

（5）获取技术支持：拨打设备厂商服务热线，获取技术支持。

2. SoftX3000 系统告警信息和日志查看方法

通过本地维护终端对 NGN 软交换系统上的告警进行管理，能够更有效地对告警分析，定位和解决相关故障。

通过本地维护终端界面上的"告警浏览"窗口可以实时监控上报的告警信息。还可以查询告警日志，从 BAM 数据库中按条件查询系统产生的历史告警信息。

◇ 通过"告警浏览"窗口可实时监控上报的告警信息，如图 5-1-3 所示。

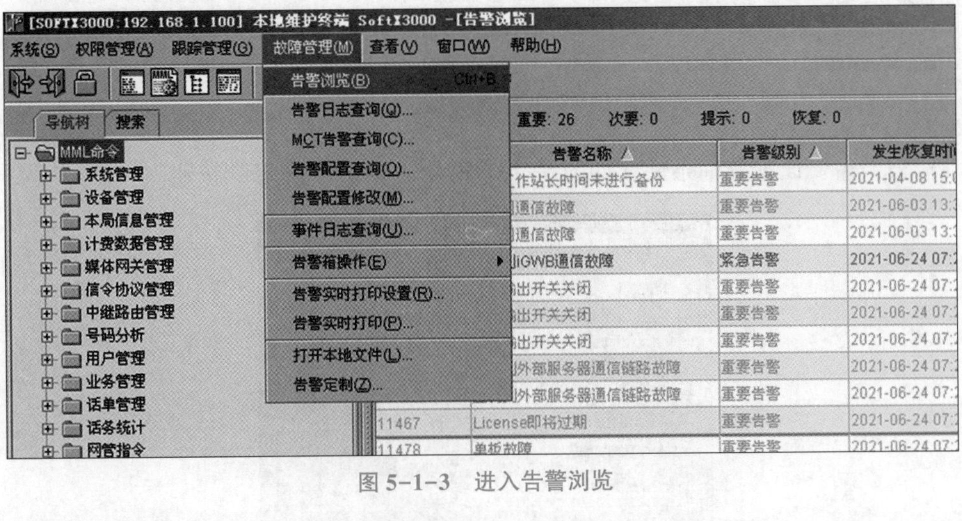

图 5-1-3　进入告警浏览

◇ 鼠标放到某条告警上，会显示告警信息，如图 5-1-4 所示。

◇ 查询告警日志方法：

（1）选择菜单"故障管理"→"告警日志查询"，如图 5-1-5 所示，弹出"告警日志查询"对话框。

5356	应急工作站长时间未进行备份	重要告警	2021-04-08 15:07:20	无
0379	模块间通信故障	重要告警	2021-06-03 13:30:51	源机架号=0,源框号=0,源槽号=3,目的
0380	模块间通信故障	重要告警	2021-06-03 13:30:51	源机架号=0,源框号=0,源槽号=3,目的
1461	主机到jiGWB通信故障	紧急告警	2021-06-24 07:20:37	机架号=0,框号=0,槽号=6,模块号=2
1462	电源输出开关关闭	重要告警	2021-06-24 07:20:37	机架号=0,框号= 开关编号=SW2
1463	电源输出开关关闭	重要告警		号= 开关编号=SW4
1464	电源输出开关关闭	重要告警		号= 开关编号=SW6
1465	主机到外部服务器通信链路故障			号= 槽号=6,模块号=2
1466	主机到外部服务器通信链路故障			号= 槽号=6,模块号=2,
1467	License即将过期			706120-AA2A406B0E6B
1478	单板故障			R,机架号=0,框号=0,槽号
1479	License文件即将失效			706120-AA2A406B0E6B
1480	IUA链路故障	重要告警		号=0,槽号=12,模块号=1
1481	设备退出服务	重要告警		G,设备ID=10.26.102.18
1482	设备退出服务	重要告警	2021-06-24 07:23:54	设备类型=AG,设备ID=192.168.3.15:2

流水号 = 11461
告警名称 = 主机到jiGWB通信故障
告警级别 = 紧急告警
发生时间 = 2021-06-24 07:20:37
定位信息 = 机架号=0,框号=0,槽号=6,模块号=2
告警ID = 3463
模块ID = 2
事件类型 = 通信系统
告警类型 = 故障告警
网元名 = bjxx
恢复类型 = 未恢复

图 5-1-4 浏览告警信息

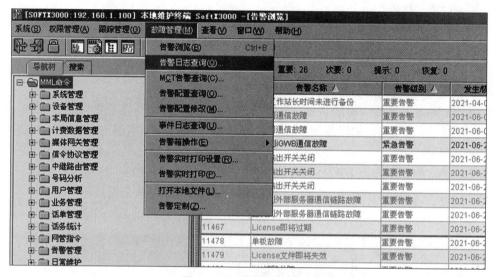

图 5-1-5 告警日志查询

（2）根据需要设置查询条件，如图 5-1-6 所示。单击"确定"按钮。

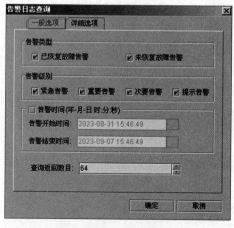

图 5-1-6 设置查询条件

（3）出现"告警日志查询"窗口，如图 5-1-7 所示。在窗口中浏览历史告警查询结果。

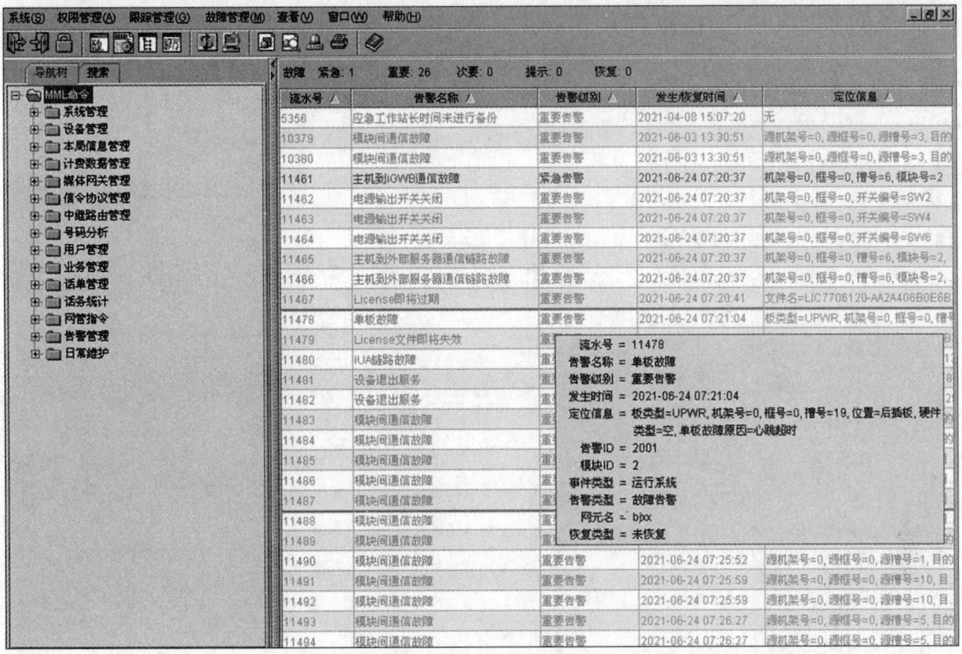

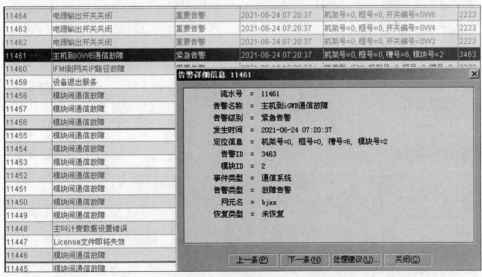

图 5-1-7 "告警日志查询"窗口

（4）如果需要了解某条告警的详细信息，双击此告警记录，在弹出的"告警详细信息"对话框（图 5-1-8）中查看详细信息，并查看"处理建议"，如图 5-1-9 和图 5-1-10 所示。

图 5-1-8 "告警详细信息"窗口

（5）浏览结束后，单击窗口右上角的"×"按钮关闭窗口。

另外，在 MML 命令行客户端执行命令 LST ALMLOG 可查询告警日志。

在"告警定制"窗口中，可设置告警信息字体颜色来显示出告警级别和程度，如图 5-1-11 所示。

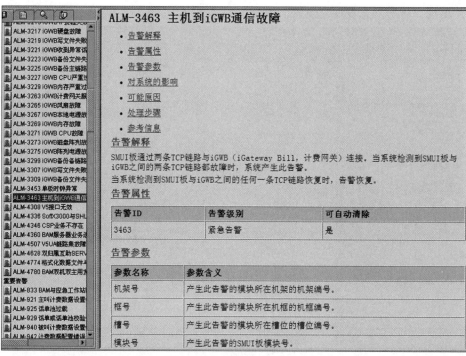

图 5-1-9　查看处理建议 1

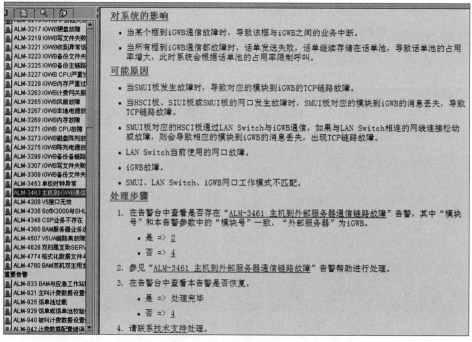

图 5-1-10　查看处理建议 2

3. SoftX3000 系统跟踪管理与监控

在本地维护终端上可以对 NGN 软交换系统的相关设备进行实时性能监控，通过对当前设备和业务运行状态的监测，可对发现的异常情况进行分析，便于设备的维护和故障解除。

图 5-1-11 "告警定制"窗口

步骤 1：在本地维护终端的导航树窗口下方，选择"维护"页签。

步骤 2：单击展开业务导航目录，出现跟踪管理、监控、用户管理的树形子目录，如图 5-1-12 所示。

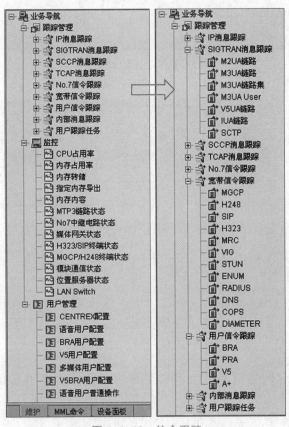

图 5-1-12 信令跟踪

227

步骤3：根据所需做的工作去单击跟踪管理或监控。

例如，要对SIP电话的接续状态进行跟踪，可双击宽带信令跟踪子目录下的"SIP"。在"SIP消息跟踪"对话框中，按要求填写、勾选要跟踪的信息后，单击"确定"按钮，如图5-1-13所示。用该SIP电话拨打其他电话或者其他电话拨打该电话时，在SIP消息跟踪框中，有接续信息出现，如图5-1-14所示。

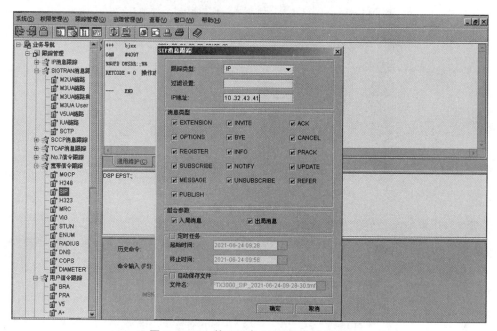

图5-1-13　基于设备IP跟踪SIP消息

图5-1-14　出现接续信息

当SIP电话接续有问题时，单击消息名称，则会显示该消息跟踪的详细信息，如图5-1-15所示。

如果需监测某设备的状态，例如查看SIP电话的注册状态，可选择监控子目录下的

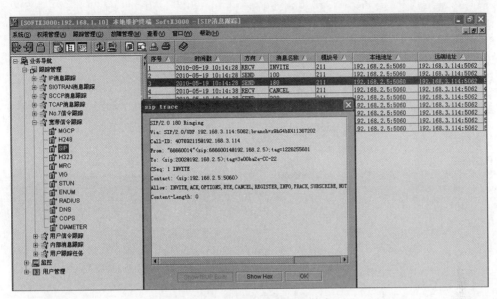

图 5-1-15　SIP 消息的详细信息

"H323/SIP 终端状态",然后在"设备 ID"栏里填入"*",单击"查询"按钮,如图 5-1-16
所示,信息不断地实时刷新。

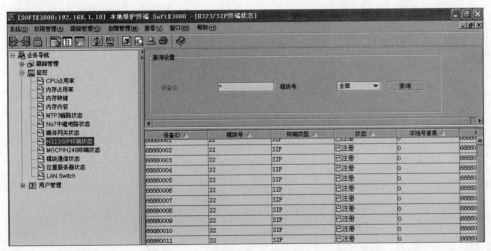

图 5-1-16　系统监控之 SIP 终端状态监控

任务实施

(1)列举软交换系统日常维护的至少三种方法。

(2)说出故障处理的一般流程。

(3)列举至少两种常见故障定位方法。

任务验收

请填写工作任务单，见表 5-1-4。

表 5-1-4　工作任务单

工作任务				
小组名称		工作成员		
工作时间		完成总时长		
工作任务描述				
小组分工	姓名	工作任务		
任务执行结果记录				
序号	工作内容		完成情况	操作员
1				
2				
3				
4				
任务实施过程记录				

任务评价表见表 5-1-5。

表 5-1-5　任务评价表

评价类型	赋分	序号	具体指标	分值	得分		
					自评	组评	师评
职业能力	65	1	正确列举软交换系统日常维护的至少三种方法	20			
		2	正确说出故障处理的一般流程	25			
		3	正确列举至少两种常见故障定位方法	20			
职业素养	20	1	坚持出勤，遵守纪律	5			
		2	协作互助，解决难点	5			
		3	按照标准规范操作	5			
		4	持续改进优化	5			
劳动素养	15	1	按时完成，认真填写记录	5			
		2	保持工位卫生、整洁、有序	5			
		3	小组分工合理	5			

回 顾 与 总 结

总结反馈表见表 5-1-6。

表 5-1-6　总结反馈表

总结反思	
目标达成：知识□□□□□　能力□□□□□　素养□□□□□	
学习收获：	老师寄语：
问题反思：	
	签字：＿＿＿＿＿

问题与讨论：

系统的日常维护包括哪些方面？

参 考 文 献

[1] 谭敏. 软交换设备开通与维护 [M]. 北京：中国铁道出版社，2018.

[2] 王可，苏红艳. 软交换设备配置与维护 [M]. 北京：机械工业出版社，2013.

[3] 桂海源，张碧玲. 软交换与 NGN [M]. 北京：人民邮电出版社，2009.

[4] 杨放春，孙其博. 软交换与 IMS 技术 [M]. 北京：北京邮电大学出版社，2007.

[5] 中兴通信学院. 对话多媒体通信 [M]. 北京：人民邮电出版社，2010.

[6] 中兴通信学院. 对话下一代网络 [M]. 北京：人民邮电出版社，2010.

[7] 中兴通信学院. 对话网络融合 [M]. 北京：人民邮电出版社，2010.

[8] 《软交换与固网智能化系列丛书》编写组. 华为软交换系统维护指南 [M]. 北京：人民邮电出版社，2008.

附录